ActionView::MissingTemplate in System/odb#generate_html_imprint

Showing */opt/vdmo_rails31/source/bsp/templates/public/imprint_FR.html.erb* where line **#1** raised:

```
Missing partial source/bsp/templates/public/imprint_default.rhtml with {:locale=>[:de],
:formats=>[:html], :handlers=>[:erb, :builder, :coffee]}. Searched in:
  * "/opt/vdmo_rails31/app/views"
```

Extracted source (around line #1):

```
1:    <%= render :partial =>
"#{@project.imprint.get_config_value_for_imprint("source_wkhtmltopdf_templates").cvalue}imprint_default.rhtml"
%>
```

Trace of template inclusion: app/views/system/odb/generate_html_/api/build/stone_content/10113/978-613-6-21841-0_imprint.html.erb

Rails.root: /opt/vdmo_rails31

Application Trace | Framework Trace | Full Trace

```
app/views/system/odb/generate_html_/api/build/stone_content/10113/978-613-6-21841-0_imprint.html.erb:5:in
`_app_views_system_odb_generate_html_imprint_html_erb___2857346403096285225_57893460'
app/controllers/system/odb_controller.rb:67:in `generate_html_imprint'
```

Request

Parameters:

```
{"id"=>"113136"}
```

Show session dump

Show env dump

Response

Headers:

```
None
```

Contents

British_shorthair	1
Chat	5
Chat_de_gouttière	36
Élevage_félin	39
Exposition_féline	43
Bleu_russe	48
Burmese	51
Chartreux_(chat)	55
Chat_à_poil_long	62
Felidae	63
Carnivore_domestique	69

References

Article Sources and Contributors	71
Image Sources, Licenses and Contributors	72

British_shorthair

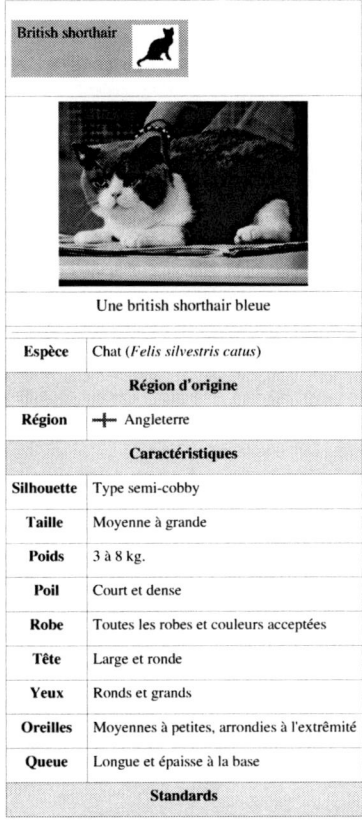

British shorthair	
Une british shorthair bleue	
Espèce	Chat (*Felis silvestris catus*)
Région d'origine	
Région	Angleterre
Caractéristiques	
Silhouette	Type semi-cobby
Taille	Moyenne à grande
Poids	3 à 8 kg.
Poil	Court et dense
Robe	Toutes les robes et couleurs acceptées
Tête	Large et ronde
Yeux	Ronds et grands
Oreilles	Moyennes à petites, arrondies à l'extrêmité
Queue	Longue et épaisse à la base
Standards	

Le **british shorthair** est une race de chat originaire de Grande-Bretagne. Ce chat de taille moyenne à grande est caractérisé par sa tête très ronde et ses grands yeux ronds.

Origines

À la même époque, des éleveurs anglais, tels que H. Weir sélectionnèrent les plus beaux chats de gouttière qui furent exposés pour la première fois au Crystal Palace de Londres en 1871[1].

Ils furent appelés *british shorthair* pour les distinguer d'une part des chats étrangers (*foreign*), orientaux et d'autre part, pour les différencier des chats à poils longs[2]. Il est l'homologue de l'européen de l'Europe continentale et de l'*american shorthair* des États-Unis. Il est vraisemblable que dès le début des années 1900, les british shorthair aient été importés vers les États-Unis, bien qu'ils aient été enregistrés sous le nom "*domestic shorthair*" jusque dans les années 1950[3].

La Première Guerre mondiale porta un coup important à l'élevage de british shorthair, presque éteint. Afin de pouvoir relancer la race, des croisements avec des chats sans pedigree furent pratiqués, ayant pour conséquence la perte du physique typique à la race. Pour leur redonner leur rondeur perdue, le persan fut utilisé. La GCCF refusa alors d'enregistrer ces chats issus de croisement au titre de british shorthair et il fallut attendre trois générations avant que les descendants puissent être à nouveau enregistrés. Après la Seconde Guerre mondiale, le même scenario se reproduisit. En plus des chats de gouttière, il est vraisemblable que des croisements avec des bleus russes, des burmeses et des chartreux aient eu lieu. Les conséquences furent les mêmes qu'après la Première Guerre mondiale et il fallut à nouveau faire appel aux persans[11]. Le gène du poil long fut ainsi introduit dans la race[4]. Les chatons nés avec le poil mi-long dans les portées de *british shorthair* furent longtemps délaissés mais en France, en 2000, la variété fut reconnue sous le nom de *british longhair*[5].

Aux États-Unis, où il fut croisé avec des *americans shorthair*[3], le *british shorthair* fut reconnu par la CFA en 1980[11] et par la TICA en 1979[4]. Le dernier standard édité par la TICA date de 1993[réf. nécessaire] mais au fil des années il a peu changé[3]. En France, le LOOF l'homologua en 1979.

Standards

Corps

Le british shorthair est un chat tout en rondeur, robuste et puissant. Il est de taille moyenne à grande, avec un corps musclé au format semi-cobby. Les hanches et les épaules sont larges, le rendant relativement imposant. Le manque de tonicité musculaire ou une ossature trop fine sont considérés comme des défauts. Les pattes, de longueur moyenne à courte, présentent également une musculature et une ossature puissantes. Au bout, les pieds sont ronds et fermes[6]. La queue est épaisse à la base et garde plus ou moins la même épaisseur sur toute sa longueur. Le bout est arrondi et la longueur de la queue doit égaler les deux tiers du corps. L'encolure est trapue et courte, pouvant donner l'impression qu'elle est inexistante[6].

Tête

le british shorthair a une tête ainsi que des yeux ronds

La tête en forme de pomme rappelle souvent une tête d'ours en peluche. Les contours sont arrondis, les joues pleines, le nez court, large et bien incurvé. Les narines doivent toutefois être bien ouvertes car, comme pour un nez trop long, cela entraînerait des pénalités en exposition. Le museau est ferme et plein et le menton s'aligne avec le bout du nez. Le british shorthair ne doit toutefois pas avoir une apparence trop proche du persan ou de l'exotic shorthair avec son nez incurvé car cela serait considéré comme un défaut éliminatoire en exposition. Les yeux sont bien ouverts, grands et ronds. Ils sont éloignés l'un de l'autre (ce qui donne l'impression que le nez est encore plus large) et leur couleur doit être assortie à la robe du chat. Les yeux aux couleurs brillantes et intenses seront favorisés. Les oreilles, de taille moyenne à petite, sont larges à la base et se finissent en arrondi. Comme les yeux, elles sont placées bien espacées sur la tête[6].

Robe et fourrure

La fourrure est courte et dense avec un sous-poil épais. Le poil est serré, à tel point qu'on peut le comparer à un tapis de laine. Lorsque le chat tourne la tête, le poil se sépare au niveau de l'encolure. Chez les sujets bleus, lilas et crème, des variations dans la texture du poil sont admises. Un poil trop long ou couché sur le corps serait une pénalité ainsi que le manque de sous-poil et de densité[6].

Toutes les robes et toutes les couleurs sont reconnues. Les tâches blanches chez les chats dont la robe est autre que particolore entraînerait l'élimination du chat lors d'une exposition ainsi que les marques fantômes chez les sujets de couleur unie[6].

Des croisements avec le british longhair sont autorisés[6]. Les mariages de higland fold et scottish fold sont également autorisés avec cette race mais les chatons seront recensés sous la race highland ou scottish fold et non british shorthair[7].

un chaton british shorthair black silver shaded

Caractère

Les british ont un caractère à l'image de leur allure de nounours, et sont des chats au tempérament paisible et équilibré. Ce sont des chats ayant une grande faculté d'adaptation et qui se plaisent aussi bien en compagnie d'enfants que de chiens ou d'autres chats. Ils sont aussi de très bons chasseurs et aiment jouer tout au long de leur vie. Ces traits de caractère restent toutefois parfaitement individuels et sont fonction de l'histoire de chaque chat.

un british shorthair silver tabby

Élevage

http://www.britishshorthair.be/Elevage Familial

Acquisition d'un british shorthair

Le prix d'un British shorthair varie fortement selon l'âge, la descendance et les qualités esthétiques de l'individu, mais également selon l'éleveur. En 2004, les prix observés en France pour un chaton destiné à la compagnie (c'est-à-dire qui ne servira pas de reproducteur et ne sera pas présenté en concours) varient de 650 à 1000 euros[8] ; aux États-Unis, un chaton de compagnie est vendu entre 1000 et 1200 dollars en 2007[9].

Santé

Le British shorthair est un chat plutôt robuste, ayant une bonne santé. Cependant, certaines maladies génétiques sont présentes chez les British, les reproducteurs sont donc testés, au moins par test génétique pour la PKD1 (une maladie des reins), et éventuellement par échographie cardiaque régulière pour la HCM.

Apparition du british shorthair dans l'art

Le chat du Cheshire, étrange chat qui apparaît et disparaît à volonté dans *Alice au pays des merveilles* de Lewis Carroll paru en 1865 est représenté par un british shorthair *tabby*[10].

Un chaton british shorthair joue le rôle de *Russian blue* dans le film *Comme chiens et chats*. Glitter était un british shorthair *silver tabby* qui jouait dans les publicités de Whiskas : gros et joyeux, il avait la réputation de faire une sieste entre les séances de photographies[9]. Un british shorthair bleu est également la figure de proue de la marque Sheba[11].

Notes et références

[1] **(en)** Breed article : british shorthair (1995) sur le site de la CFA (http://www.cfa.org/breeds/profiles/articles/british-shorthair.html)
[2] **(fr)** Christiane Sacase, Les Chats, Solar, coll. « Guide vert », février 1994 (ISBN 2-263-00073-9)
[3] **(en)** Breed article : british shorthair (2002) sur le site de la CFA (http://www.cfa.org/breeds/profiles/articles/british-shorthair2002.html)
[4] **(en)** General description and history of the british shorthair sur le site de la TICA (http://tica.org/public/breeds/bs/intro.php)
[5] **(fr)** British Longhair (http://www.lecabri.net/default.php?page=british-longhair) sur http://www.lecabri.net/", CaBRI. *Consulté le 15 novembre 2009*
[6] Standard du LOOF au 12/06/2009 sur le site LOOF-actu (http://www.loof-actu.fr/download/05_standards_20090612.pdf)
[7] Liste des mariages autorisés par le LOOF au 12/06/2009 sur le site LOOF-actu (http://www.loof-actu.fr/download/07_mariages_20090612.pdf)
[8] **(fr)** Prix d'un chat de race (http://www.chatsdumonde.com/Races/prix_chats.html) sur http://www.chatsdumonde.com/", Chat du monde, 2004. *Consulté le 15 novembre 2009*
[9] **(en)** Sandra Choron, Harry Choron, Arden Moore, Planet Cat: A Cat-alog, Houghton Mifflin Harcourt, 2007, 424 p. (ISBN 978-0-618-81259-2)
[10] **(fr)** British shorthair (http://www.royalcanin.fr/index.php?option=com_rcraces&section=chat&Itemid=183&task=fiche&id=306), Royal Canin. Consulté le 15 novembre 2009
[11] **(en)** Leisure (http://www.sheba.com/leisure/) sur http://www.sheba.com/", Sheba. *Consulté le 15 novembre 2009*

Annexes

Articles connexes

- Liste des races de chats
- British longhair

Liens externes

Associations

- **(fr)** Association pour la Promotion du British et du Scottish (http://british-et-scottish.com/)
- **(fr)** CABRI (http://www.lecabri.net/), club de race du British et du Scottish

Standards

- **(fr)** Standard LOOF (http://loof.asso.fr/loof/racine/default.asp?num=749&id=212&art_cat=&show_all=0&archive=0&page=1)
- **(en)** Standard CFA (http://www.cfa.org/breeds.html)
- **(en)** Standard ACFA (http://www.acfacats.com/british_shorthair_standard.htm)
- **(en)** Standard TICA (http://www.ticaeo.com/Content/Publications/Pages/BS.pdf)

- **(en)** Standard FIFé (http://www.fifeweb.org/wp/breeds/breeds_prf_stn.html)
- **(en)** Standard WCF (http://www.wcf-online.de/en/Standard/Shorthair/british_shorthair.htm)

Chat

Classification	
Règne	*Animalia*
Embranchement	*Chordata*
Sous-embr.	*Vertebrata*
Classe	*Mammalia*
Sous-classe	*Theria*
Infra-classe	*Eutheria*
Ordre	*Carnivora*
Sous-ordre	*Feliformia*
Famille	*Felidae*
Sous-famille	*Felinae*
Genre	*Felis*
Espèce	*Felis silvestris*
Sous-espèce	
Felis silvestris catus **(Linnaeus, 1758)**	

Crâne de chat.

Le **chat domestique** (*Felis silvestris catus*) est un mammifère carnivore de la famille des félidés. Il est l'un des principaux animaux de compagnie et compte aujourd'hui une cinquantaine de races différentes reconnues par les instances de certification. Dans de nombreux pays, le chat entre dans le cadre de la législation sur les carnivores domestiques à l'instar du chien et du furet.

Essentiellement territorial, le chat est un prédateur de petites proies comme les rongeurs ou les oiseaux. Les chats ont diverses vocalisations dont les ronronnements, les miaulements, ou les grognements, bien qu'ils communiquent principalement par des positions faciales et corporelles et des phéromones.

Selon les résultats de travaux menés en 2006 et 2007[1], le chat domestique est une sous-espèce du chat sauvage (*Felis silvestris*) dont son ancêtre, le Chat sauvage d'Afrique (*Felis silvestris lybica*) a vraisemblablement divergé il y a 130000 ans. Les premières domestications auraient eu lieu il y a 8000 à 10000 ans au Néolithique dans le Croissant fertile, époque correspondant aux débuts de la culture de céréales et à l'engrangement de réserves susceptibles d'être attaquées par des rongeurs, le chat devenant alors pour l'homme un auxiliaire utile se prêtant à la domestication.

Tout d'abord vénéré par les Égyptiens, il fut diabolisé en Europe au Moyen Âge et ne retrouva ses lettres de noblesse qu'au XVIIIe siècle. En Asie, le chat reste synonyme de chance, de richesse ou de longévité.

Ce félin a laissé son empreinte dans la culture populaire et artistique, tant au travers d'expressions populaires que de représentations diverses au sein de la littérature, de la peinture ou encore de la musique.

Dénomination

Le chat domestique mâle est couramment appelé un « chat » tandis que la femelle est une « chatte » et le jeune un « chaton ». Le mot chat vient du bas latin *cattus* qui d'après le Littré dans son édition de 1878, provient du verbe *cattare*, qui signifie *guetter*, ce félin étant alors considéré comme un chasseur qui guette sa proie. Cette dernière interprétation porte à controverse, au vu des termes utilisés dans les langues afro-asiatiques[2],[3]. En latin classique, « chat » se disait *felis* (d'où, en français, *félin*, *félidés*, etc.), mais désignait uniquement le chat sauvage d'Europe, tandis que *cattus* s'appliquait au chat domestique.

On désigne aussi plus familièrement le chat par *minet* et la chatte par *minette*. Ce terme, attesté dès 1560, provient de *mine*, nom populaire du chat en gallo-roman. Ce mot est à l'origine de l'expression *dès potron-minet*, qui signifie « de bon matin ». D'après le Littré, il s'agirait d'une déformation de *paître au minet*, c'est-à-dire du moment où le chat, qui se lève tôt, va chercher son *paître* : sa pâture, sa nourriture… Cette explication doit sans doute à la pudeur de cet auteur du XIXe siècle : selon Claude Duneton[4], cette expression provient de *poitron-jacquet*, *jacquet* désignant un écureuil (animal matinal marchant la queue levée) et *poitron* désignant le postérieur. *Dès potron-minet* signifie donc : « à l'heure où l'on voit le derrière du chat ». Quant au « minet » ou à la « minette » qui « fait des mines », lorsque ce terme est appliqué à l'être humain, c'est un jeune homme ou une jeune fille qui s'efforce de plaire et se préoccupe beaucoup de son apparence[5].

Un chat mâle non castré est un « matou », terme à l'origine incertaine qui viendrait peut-être d'une dérivation de mite comme dans chattemite[6]. Le chat est aussi nommé familièrement « mistigri », mot-valise composé du préfixe *miste*, signifiant adroit, et de *gris*, la couleur[7].

En argot, un chat s'appelle un « greffier »[8]. Deux explications s'opposent, qui peut-être n'en font qu'une : d'une part, le jeu de mot sur griffe est évident ; d'autre part, la fourrure de certains chats noirs comporte une sorte de plastron blanc sur le poitrail, et celui-ci évoque le rabat blanc que l'on voyait sur la robe noire des greffiers jusqu'au XIXe siècle[9].

Anatomie

Squelette et muscles

Formule dentaire						
mâchoire supérieure						
1	3	1	2	3	3	1
1	2	1	3	3	1	2	1
mâchoire inférieure						
Total : 30						
Denture commune aux *Felidae*						

Le squelette est composé de 250 os. Les vertèbres du cou sont courtes, et la colonne vertébrale est très souple. La clavicule des chats, de petite taille comme pour tous les félins, est reliée au sternum par un unique ligament : cela lui confère une grande souplesse, les épaules pouvant bouger indépendamment l'une de l'autre. Comme tous les carnivores, la dernière prémolaire supérieure et la première molaire inférieure forment les carnassières qui permettent au chat de déchirer sa nourriture, grâce à des muscles puissants fixés aux parois latérales de son crâne, et de l'avaler sans la mâcher. L'os hyoïde est entièrement ossifié, ce qui permet au chat de ronronner mais pas de rugir[10].

Les pattes sont pourvues de griffes rétractiles. Le chat possède cinq doigts aux pattes antérieures, dont seulement quatre touchent le sol, le pouce restant à l'écart, ainsi que quatre doigts aux pattes postérieures[10]. Des cas de polydactylie existent et certains standards de races de chat l'admettent dans les concours[11]. Les coussinets ou pelotes, sont constitués d'une membrane élastique qui confère une marche silencieuse[12].

Ces spécificités confèrent à l'animal une grande souplesse et une détente ample lors des sauts : il peut notamment sauter à une hauteur cinq fois supérieure à sa taille[13]. À la course, sa vitesse moyenne est de 40 km/h et il met 9 secondes pour faire 100 m, mais il n'est pas un coureur de fond et il se fatigue assez vite[13]. Contrairement à ce que l'on peut penser, tous les chats savent très bien nager et ils n'hésiteront pas à se jeter à l'eau s'ils y sont contraints[14].

Un chat pèse en moyenne entre 2,5 et 4.5 kg et mesure de 46 à 51 cm sans la queue, qui peut, elle mesurer de 20 à 25 cm de long. Le record de poids et de taille est détenu par Himmy, un chat castré australien qui, à sa mort en 1986, pesait 21.3 kg pour 96.5 cm de longueur totale et un tour de taille de 84 cm[15].

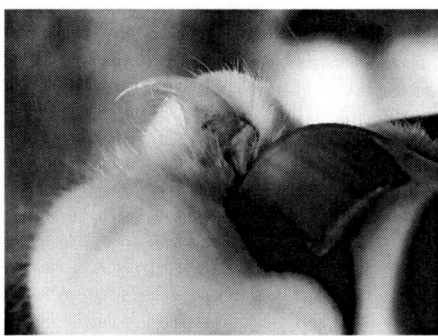

Griffe avec le nerf visible.

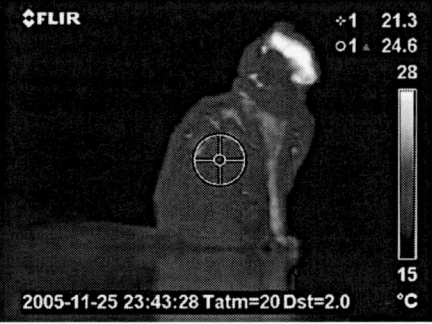

Thermographie infrarouge du chat.

Système digestif

Le chat mastique peu et le processus de digestion commence directement dans l'estomac de petite taille (environ 300 millilitres) mais qui possède un *p*H très acide qui est également utile comme moyen de prévention des infections digestives[16]. Son intestin est plutôt court (environ un mètre pour l'intestin grêle et de 20 à 40 centimètres pour le gros intestin), typique du chasseur de petites proies. Ces dimensions expliquent pourquoi le chat doit manger fréquemment mais en petites quantités (entre 10 et 16 repas journaliers)[17]. Le système digestif du chat est également peu adapté à la diversité alimentaire, qui lui vaut généralement des diarrhées et vomissements.

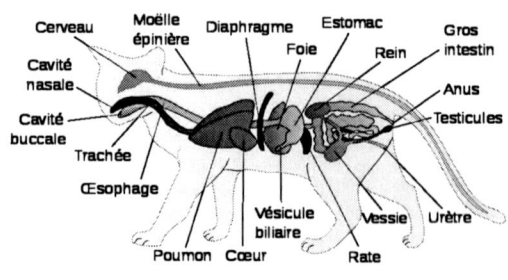
Anatomie des organes vitaux du chat.

Enfin, le transit digestif du chat est rapide, entre 12 et 14 heures[16].

Pelage

Les types de pelages sont nombreux, car très variables en fonction des races. Le pelage du chat est composé de poils longs (jarre) et portant les marques de la robe (taches par exemple). En dessous se trouvent les poils plus courts (bourre), puis le duvet. Cette organisation permet une bonne isolation du corps. Il existe des poils longs, courts, frisés, et même crépus. Certaines races, comme le sphynx, sont presque dépourvues de poils : un très léger duvet recouvre le corps, ainsi que la queue[13].

La robe d'un chat est composée d'une ou plusieurs couleurs qui forment diverses combinaisons (les motifs) appelés *patrons* : certains individus présentent de larges taches, d'autres des rayures ou des mouchetures, d'autres encore un pelage uni[13].

Chat au pelage mi-long.

La robe peut aussi avoir une pigmentation plus foncée vers les extrémités du corps (robes *colourpoint*, *mink* et *sépia*). L'alliance des différentes couleurs et des patrons donnent toutes les variations de fourrure possibles pour un chat. La couleur de la fourrure du chat peut prendre de nombreuses teintes (noir, blanc, bleu, roux...), plus ou moins diluées ou foncées. Les mâles pour des raisons génétiques ne peuvent avoir qu'une seule ou deux couleurs à la fois (sauf exceptions) ; seules en principe les femelles peuvent en comporter trois : ce sont les robes écaille de tortue et calico[18]. Un *effet* désigne une teinte aux reflets changeants due à la variation de clair et de foncé sur la longueur du poil (robes *chinchilla*, *shaded*, *smoke* ou *cameo*).

Les sens

Prédateur crépusculaire (coucher et lever du soleil) à l'origine, le chat possède des sens très développés. Il perçoit son univers différemment des humains, et on lui a même prêté des pouvoirs surnaturels. Il existe ainsi de nombreuses légendes de chats ayant prédit des tremblements de terre ou autres catastrophes. L'explication la plus probable est que ses vibrisses et ses oreilles sont aptes à percevoir des vibrations inaudibles pour les humains[13].

L'ouïe

De 60 à 80 % des chats blancs aux yeux bleus sont sourds[1].

Son ouïe est particulièrement sensible dans les hautes fréquences : il perçoit des ultrasons jusqu'à 50000 Hz alors que l'oreille humaine est limitée à 20000 Hz[19]. Son pavillon en cornet peut être orienté grâce à vingt-sept muscles, ce qui lui permet de pivoter chaque oreille indépendamment pour localiser avec précision la source d'un bruit et sa distance[13].

La surdité des chats blancs est liée au gène « W », qui est responsable de l'absence de pigment dans le poil, qui paraît blanc. Il est en effet démontré que l'allèle W est directement responsable d'une dégénérescence de l'oreille interne, occasionnant la surdité. La surdité ne s'exprime pas systématiquement chez tous les chats : elle peut être la surdité bilatérale, unilatérale ou absente. Le chaton naît normal mais vers l'âge d'une semaine, son oreille interne, au lieu de continuer à se développer subit des altérations progressives. La dégénérescence est généralement complète à trois semaines[20].

La vue

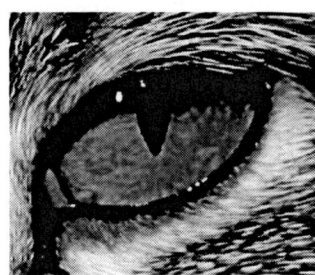

Gros plan sur l'œil d'un chat.

La vue est son sens primordial. Son champ de vision est plus étendu que celui des humains : l'angle de vision binoculaire est de 130°, pour un champ de vision total de 287°, contre seulement 180° chez l'homme[21], ce qui reste cependant loin du record absolu du monde animal.

L'intensité lumineuse influence la forme de la pupille : allongée en fente étroite en pleine lumière, elle se dilate en un cercle parfait à la pénombre. Contrairement à une idée répandue, il est incapable de voir dans le noir complet. Il est toutefois beaucoup plus performant que l'œil humain dans la pénombre. La nuit, l'aspect brillant des yeux est dû à une couche de cellules de la rétine, appelée *tapetum lucidum*, qui agit comme un miroir et renvoie la lumière perçue, ce qui la fait passer une seconde fois dans la rétine et multiplie son acuité visuelle dans l'obscurité[13].

En revanche, il semblerait (cela est encore discuté) que le chat ne perçoive pas la couleur rouge et que, d'une manière générale, il distingue très mal les détails. Sa vision est granuleuse sur les images fixes tandis qu'un objet en mouvement lui apparaît plus net (par exemple une proie en mouvement)[13].

Une particularité de l'œil du chat est qu'outre les paupières inférieure et supérieure, il est protégé par une troisième paupière, la membrane nictitante. Celle-ci se ferme à partir du bord inférieur du coin interne de l'œil vers l'extérieur. Quand elle ne se referme pas complètement, c'est souvent le signe d'un problème de santé chez le chat[13]. Les chats peuvent avoir les yeux de différentes couleurs comme bleus, verts, jaunes, marrons...

Le *tapetum lucidum* des yeux du chat réfléchit la lumière.

L'odorat

L'odorat a une grande importance dans la vie sociale du félin pour délimiter son territoire. Par ailleurs, c'est son odorat développé qui lui permet de détecter la nourriture avariée et empoisonnée. Il possède deux cents millions de terminaux olfactifs, contre cinq millions pour l'homme[22]. Ce sens est de 50 à 70 fois mieux développé que chez l'homme.

Le goût

Le sens du goût est développé chez le chat, moins que chez l'homme cependant : chez le chat adulte, on compte 250 papilles comptant 2000 bourgeons gustatifs[23]. Contrairement au chien, le sens gustatif du chat est localisé à l'extrémité de la langue, ce qui lui permet de goûter sans avaler. Il est sensible à l'amer, à l'acide et au salé, mais non au sucré[13].

Gros plan sur le nez du chat.

Le toucher

Son sens du toucher est également bien développé. Ses vibrisses (moustaches, mais il y en a aussi aux pattes, sous le menton, les sourcils) lui indiquent la proximité d'obstacles, même dans l'obscurité totale, en lui permettant de détecter les variations de pression de l'air. Celles-ci lui permettent aussi de mesurer la largeur d'un passage. Il ne faut surtout pas les couper car le chat serait déstabilisé[réf. nécessaire]. Les coussinets garnissant ses pattes sont très sensibles aux vibrations et sa peau est constellée de cellules tactiles extrêmement sensibles[13].

Autres sens

Organe de Jacobson

L'organe de Jacobson est un véritable sixième sens. Comme le chien ou le cheval, le chat est capable de goûter les odeurs à l'aide de son organe voméro-nasal. Il retrousse ses babines pour permettre aux odeurs de remonter par deux petits conduits situés derrière les incisives jusqu'à deux sacs remplis de fluide dans les cavités nasales chargées de concentrer les odeurs[13].

L'équilibre lors d'une chute : l'organe vestibulaire

Son organe vestibulaire est également particulièrement développé, lui conférant un bon sens de l'équilibre. Ceci explique l'étonnante faculté qu'ont les chats de se retourner rapidement pour retomber sur leurs pattes lors d'une chute[13].

Si un chat fait une chute de deux mètres et plus (si tel n'est pas le cas, sa technique ne marche pas) alors qu'il est sur le dos, il peut se retourner afin d'amortir cette chute. En effet, il tourne d'abord sa tête en direction du sol, entraînant les pattes avant puis les pattes arrières[24]. Le chat se retrouve alors le ventre en direction du sol et prend une position qui ressemble à celle d'un écureuil volant. Il ne lui reste qu'à courber le dos et dès qu'il se rapproche du sol, il rassemble ses pattes, comme s'il était sur terre. Cependant cela ne le sauve pas forcément mais rend juste la chute moins grave[25].

Différences morpho-anatomiques : les races de chat

En France, un chat de race est un chat ayant un pedigree[26]. Les registres d'immatriculation des spécimens sont maintenus par différentes associations comme les américaines TICA, l'ACFA et le CFA, la française LOOF, deux fédérations internationales, la FIFé et la WCF ou encore la GCCF britannique. Ces associations permettent l'inscription des spécimens sur des critères d'origines génétiques stricts. Ainsi tout animal dont les géniteurs ne sont pas inscrits est écarté. Ces inscriptions sont payantes.

Les chats de race sont une minorité et ne représentent selon l'AFIRAC que 5 % de la population totale des chats[27]. Tous les autres chats domestiques, ceux ne possédant pas de pedigree, sont considérés comme chats de gouttière, appelés également chats de maison.

Le nombre de races reconnues varie du simple au double selon ces organisations[28]. Certaines sont très anciennes, comme le siamois ou l'angora turc, d'autres ont été créées plus récemment, comme le ragdoll ou le peterbald. L'homme a également procédé à des hybridations entre chats domestiques et petits félins, ce qui a donné naissance à des races telles que le bengal.

Comportements

Le chat est d'une nature très indépendante. Contrairement au chien, il se promène seul. C'est un animal rituel qui apprécie bien les situations récurrentes (heures fixes pour les repas par exemple). Bien que territorial, c'est un animal social. Bon nombre de chats harets vivent en groupe.

Structure sociale

Le chat est un animal territorial. Cela signifie que la préservation de son lieu de vie est le moteur principal de ses interactions avec les autres individus. Lorsque plusieurs chats partagent le même appartement, il n'est pas rare de les voir choisir chacun son propre « chemin » pour aller d'un lieu à un autre ; ils se partagent ainsi leur territoire.

Le chat n'est pas un animal strictement solitaire : selon l'espace et les ressources disponibles, les chats forment différentes structures spatiales et sociales. Cela va des chats solitaires en milieu rural aux larges et denses groupes en milieu urbain. Il est démontré que ces différentes organisations spatiales et sociales entraînent différents systèmes d'appariement[29] : en milieu rural, le système est polygyne, tandis qu'en milieu urbain, il est difficile pour les mâles dominants de monopoliser plusieurs femelles. En raison de leur forte cohésion, différents groupes de chats se voisinant ont tendance à devenir éloignés génétiquement et la même recherche a démontré un important déficit en hétérozygotes.

Communication

Les chats communiquent principalement entre eux par des phéromones ou des positions corporelles.

Les glandes contenant les phéromones se trouvent en de nombreux points sur le corps : glandes anales, autour de la queue et de la bouche, sur les joues, entre les coussinets et se déposent également dans la salive, les selles et l'urine. Elles ont l'avantage de pouvoir durer dans le temps, même en l'absence du chat, contrairement aux vocalises ou aux positions corporelles. Elles peuvent être déposées de manière volontaire (marquage du territoire, contacts sociaux comme l'allotoilettage…) ou involontairement (stress, attachement de la mère à ses chatons, phéromones sexuelles)[30]. Le chat utilise également une large gamme de positions corporelles pour communiquer. La position générale du corps, ses mimiques faciales ou les mouvements de sa queue, de ses yeux et de ses oreilles indiquent l'état dans lequel se trouve le chat[30]. En dehors de la relation entre une chatte et ses petits, le miaulement est très peu utilisé lorsque des chats communiquent entre eux. Par contre, au contact de l'humain, il continue souvent à utiliser différentes vocalises pour communiquer[30].

Chat soumis à un autre.

Chat se hérissant et courbant le dos.

Groupe de chats se partageant des ordures devant les remparts de Rhodes.

Vocalisations

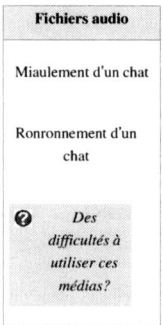

Fichiers audio
Miaulement d'un chat
Ronronnement d'un chat
❓ Des difficultés à utiliser ces médias?

Miaulement

Le miaulement est un cri caractéristique du chat[31]. En général, le chat est d'un tempérament plutôt discret mais certaines races, notamment les siamois, sont plus « bavardes » que d'autres.

Le chat crie souvent et fortement quand il cherche un compagnon ou une compagne. Certains disent alors qu'il « margotte », au sens figuré[32]. Les miaulements sont poussés tout d'abord par la femelle au début de l'œstrus puis pendant toute la période d'accouplement, par le mâle et la femelle, avec de nombreuses variations possibles[33].

Plus rarement, le chat émet un miaulement saccadé d'intensité faible lors d'une frustration, comme lorsqu'il voit une proie hors de portée tel un oiseau ou un insecte volant. Ce miaulement est souvent accompagné de claquement des mâchoires, parfois accompagné de vifs mouvements de queue, que l'on pourrait comparer à notre expression avoir « l'eau à la bouche »[30].

En présence de l'humain, le chat très imprégné utilise souvent un registre spécifique, qui varie selon l'individu et qui semble en grande partie acquis. Selon le chercheur John Bradshaw, le chat peut utiliser une dizaine de vocalises selon les circonstances et sa situation. Ainsi, il peut accueillir son maître avec des petits miaulements brefs en rafales (comme s'il « aboyait »), saluer les passants, demander une action spécifique (le brossage, par exemple), signaler qu'il a faim, ou mal[34],[35],[36].

Grognement

Le chat, en position d'attaque ou de défense, est aussi capable de grogner et de souffler. Le terme de feulement est également utilisé dans le sens de grondement. Par exemple, de nombreux grognements et sifflements - en plus des miaulements - sont émis par les mâles qui s'affrontent pour la femelle lors des périodes de reproduction[33].

Ronronnement

Le mécanisme du ronronnement n'est pas encore connu, les félins ne semblant pas posséder d'organe dédié particulièrement au ronronnement. Une première hypothèse suppose une contraction très rapide des muscles du larynx, ce qui comprimerait et dilaterait la glotte, faisant vibrer l'air au passage. Une autre, plus ancienne, évoque une vibration de la veine cave, amplifiée par les bronches, la trachée et les cavités nasales. Ces vibrations sonores se retrouvent chez la plupart des félins mais leur mécanisme et leur utilité sont encore mal expliqués. Cet état, comme le sommeil, pourrait être réparateur pour l'organisme du chat[37]. En effet, une hypothèse avance que le ronronnement, dont la fréquence se situe entre 25 et 30 Hz, peut avoir un pouvoir réparateur et même antalgique par rapport aux os, aux tendons et aux muscles. On pense que le ronronnement est également très bénéfique aux humains, notamment grâce à un effet relaxant[38].

Le ronronnement apparaît dès l'âge de deux jours lors de la tétée, où chatte et chatons communiquent par ronronnement ; ce phénomène apparaît aussi lors de la toilette des chatons par la mère[22]. Le ronronnement se manifeste le plus souvent lorsque l'animal éprouve du plaisir mais aussi de la souffrance : stressé, blessé et même en mourant, le chat peut ronronner; il s'agit donc de l'expression d'un sentiment fort. Enfin, le ronronnement sert aussi à communiquer, puisque la rencontre de deux chats déclenche des ronronnements[37].

Le chat ronronne le plus souvent pour exprimer la dépendance[22] : le chaton dépend de sa mère et de son lait, de l'homme lorsqu'il réclame des soins ou des caresses.

Sommeil

Chat dormant en plein jour (animation).

Le chat a besoin d'entre 12 et 16 heures de sommeil, mais en général il dort plus, soit en moyenne 15 à 18 heures par jour. Il reste ainsi éveillé environ 8 à 12 heures, dont une partie de la nuit pour chasser.

Le chat est un animal avec une grande proportion de phases de sommeil paradoxal pendant lesquelles il rêve : la durée quotidienne de cette phase dure de 180 à 200 min chez le chat, contre environ 100 min pour l'homme[39]. C'est pour cette raison que le chat est fréquemment utilisé dans le cadre d'expérimentations sur les cycles du sommeil.

Durant les phases de sommeil paradoxal, l'activité électrique du cerveau, des yeux et des muscles est très importante[40] : plusieurs mouvements surviennent tels que l'agitation des vibrisses, les sursauts des pattes ou de la queue, le hérissement du pelage, le battement des paupières, le changement de position...

Il est à noter que ces phases de sommeil paradoxal sont très importantes chez le chat : cela lui permet de garder un équilibre au niveau mental (puisqu'il rêve de chasse, de ce qu'il fait durant le temps où il est éveillé)[41]. Ce sommeil paradoxal peut voir son temps augmenté par des repas échelonnés au cours de la journée. Durant ce sommeil paradoxal il est fort probable que le chat capture une proie imaginaire puisque il est possible d'observer chez certains individus quelques mouvements des membres qui évoquent des positions de chasse. Lorsque le chat entre dans une phase de sommeil paradoxal, le tracé de son encéphalogramme est analogue à celui de l'éveil malgré une totale perte de conscience : le système nerveux fonctionne probablement à vide, soit pour sélectionner et mettre en mémoire les événements de la journée, soit pour évoquer le souvenir des perceptions passées, d'où l'hypothèse que le sommeil paradoxal est un témoin de l'activité onirique[41].

Griffades

La pousse des griffes du chat est continue, et compense leur usure naturelle. Le chat peut ajuster la longueur et aiguiser ses griffes en les frottant contre une surface rugueuse : il « fait ses griffes ». Les griffades sont des marquages visuels et olfactifs. Ce comportement est un outil de communication.

Le chat possède entre les coussinets des glandes sudoripares émettrices de phéromones qui servent à signaler son passage aux autres chats. En outre, les traces de griffades sont un marquage visuel, pour signaler la présence d'un chat sur le territoire.

L'onyxectomie, est parfois pratiquée par les propriétaires : elle consiste en l'ablation totale de la griffe et l'amputation de la troisième phalange sur laquelle celle-ci est insérée. Le

Chatte griffant une branche d'arbre pour marquer son territoire.

plus souvent, elle n'est réalisée que sur les pattes antérieures. La plupart des associations de défense des animaux condamnent cette opération, considérée comme cruelle[42]. L'animal privé de ses griffes, incapable de se défendre ou de grimper aux arbres, devient également plus vulnérable puisqu'il ne peut échapper à ses prédateurs. L'ablation des griffes est couramment pratiquée aux États-Unis et au Canada. Cette opération est en revanche interdite dans 29 pays, principalement européens[43]. D'autres techniques de dégriffage, moins douloureuses pour le chat, existent, comme la tendinectomie ou la brûlure des nerfs au laser.

Toilette

Lors de leur toilette, ils avalent de nombreux poils morts qui s'accumulent dans l'estomac, formant des boules de poils, appelées trichobézoards. Cela perturbe leur transit intestinal et ils sont obligés de les régurgiter afin d'éviter une occlusion intestinale.

Sa salive contient l'allergène qui provoque l'allergie aux poils de chat.C'est donc lors de sa toilette que le chat le dépose sur ses poils.

L'« allotoilettage » (action de se lécher mutuellement) est réservé aux chats qui se connaissent et s'apprécient. Ils se lèchent pour échanger leur odeur et déposent sur l'autre des phéromones apaisantes[30]. Quand ils s'entendent bien, les chats adultes dorment volontiers ensemble, serrés l'un contre l'autre comme lorsqu'ils étaient chatons. Un moyen de se procurer mutuellement chaleur et sécurité. En dormant ensemble, les chats échangent aussi leur odeur.

Lapement

Le chat, à l'instar des félidés, a une technique de lapement différente des autres animaux. On pensait que les papilles cornifiées de sa langue lui servaient à retenir l'eau mais il en est tout autre. Alors que l'homme boit par la technique de succion et que le chien, comme beaucoup d'autres vertébrés, plonge le museau et plie sa langue comme une cuillère, ce qui amène le liquide vers sa gueule, le chat plie la pointe de la langue vers le bas et vers sa face dorsale pour effleurer le liquide, puis la retire aussitôt, ce qui crée une colonne de liquide. Le chat, au moment où la gravité reprend le pas sur la force d'inertie et va faire retomber la colonne, referme sa mâchoire et aspire alors une partie de cette colonne[44]. Cette technique de lapement (en moyenne 4 lapées par seconde pour le chat, moins pour les félidés plus gros[45]) a été modélisée mathématiquement et reproduite par un robot (disque de verre rond remontant par un piston à la même vitesse que la langue féline, soit 1 m/s[46]). Une hypothèse expliquant cette technique sophistiquée met en cause la région extrêmement sensible du nez et des moustaches du chat, ce dernier lapant en cherchant à maintenir cette région la plus sèche possible[47].

Déjections

Les chats, dans la nature, choisissent un coin de terre meuble pour y laisser leurs déjections. Ils les recouvrent ensuite de terre, en grattant cette dernière avec leurs pattes avant. L'odeur des selles déclenche le recouvrement ; cela permettait à l'état sauvage de ne pas faire repérer leurs odeurs par les prédateurs et de diminuer les risques d'infections parasitaires[48]. Elle est donc quasiment instinctive, et est inculquée très tôt par la mère aux chatons.

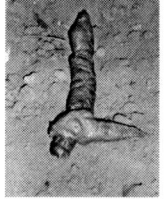

Crottes fraîches de chat.

Le chat défèque une à deux fois par jour[48] et urine jusqu'à cinq fois par jour[49]. Il ne faut pas confondre le marquage urinaire, c'est-à-dire l'opération de marquage du territoire, et la miction, où le chat « se soulage »[49] : dans le premier cas, le chat est debout, la queue levée et dos à l'élément qu'il compte marquer, dans le second cas, il adopte une position analogue à celle de la défécation. La défécation enfouie ne constitue probablement pas un signe du marquage du territoire chez le chat, au contraire des déjections situées bien en vue sur des lieux de passage des chats (en hauteur, par exemple sur une souche)[48].

Avec le vieillissement de l'animal, le volume d'urine peut croître à cause de fréquents problèmes bénins d'hyperthyroïdie[50].

Chasse

Comportement en chasse

Le chat est essentiellement carnivore. Son métabolisme a besoin de taurine présente dans la viande, qui est un dérivé d'acide aminé qu'il ne peut synthétiser en quantité suffisante. Une carence en taurine entraîne chez le chat des troubles oculaires, cardiaques, des déficits immunitaires et des problèmes de reproduction chez les femelles[51].

Deux stratégies de chasse peuvent être distinguées[52] : la stratégie mobile (ou chasse à l'approche), comportant une phase d'approche de la proie, suivie d'une phase d'attaque et la stratégie stationnaire (ou chasse à l'affût), qui comporte une phase attentive et immobile, suivie d'une phase d'attaque. Les méthodes de chasse utilisées ne semblent pas spécifiques à l'espèce chassée.

Pour tuer sa proie, le chat mord généralement à la nuque, en brisant ainsi la colonne vertébrale[52]. Les proies les plus courantes sont de petits rongeurs mais ils s'attaquent aussi aux lézards, aux petits oiseaux, aux insectes, aux lapereaux et parfois à des proies moins conventionnelles comme la grenouille, le hérisson ou l'écureuil. Opportuniste, le chat ne rechigne pas à s'attaquer aux déchets[52].

La chasse peut simplement se dérouler dans une optique de jeu. Chez le chaton, on observe des jeux de chasse comme chez les autres félins, avec un rôle social similaire.

Approche.

Chat ayant capturé un oiseau.

Chat tenant un rongeur dans sa gueule.

Impact sur l'environnement naturel

L'instinct de prédateur du chat se traduit par le fait que, même parfaitement « domestiqué », et bien nourri, il ne renonce pas pour autant à tuer des proies autour de lui.

Populations domestiques

Un certain nombre d'études ont été faites pour mesurer l'impact de ce comportement, au Royaume-Uni et aux États-Unis :

- une étude portant sur une année[53] menée à Wichita, Kansas, a montré en 2000 que les chats de cette ville de 300000 habitants tuaient en moyenne 4.2 oiseaux par an chacun, malgré leur environnement urbain. Une extrapolation aux 64 millions de chats que comptaient alors les États-Unis conduirait au chiffre de 250 millions d'oiseaux tués chaque année dans le pays par les chats ;
- en Angleterre, Peter B. Churcher et John H. Lawton ont mené une étude d'un an également sur 78 chats, dans un petit village du Bedfordshire. Les résultats, extrapolés par eux en 1989 sur la base du nombre de chats en Angleterre (de l'ordre de 5 millions lors de l'étude), correspondaient à un nombre annuel de proies tuées de toutes espèces de l'ordre de 70 millions, dont environ 35 % d'oiseaux (soit plus de 20 millions d'oiseaux tués par an). Près de la moitié des oiseaux tués étaient des hirondelles[54]. Rapporté au nombre de chats, le chiffre d'oiseaux tués par chat est compris entre 4,5 et 5 par an, donc finalement très proche du chiffre trouvé dans l'étude américaine.

Il a été remarqué que le problème vient du fait que cette prédation n'est pas naturelle, puisqu'elle dépend d'une population de chats anormalement importante, car son nombre est défini par l'homme, et non par les ressources naturelles[55]. Ceci se traduit en particulier par le fait que le chat entre en concurrence avec les prédateurs naturels de la région, dont la survie est ainsi rendue plus difficile.

Mais il a aussi été rappelé que ces populations domestiques de chats existent depuis déjà des siècles, sans que les équilibres naturels en aient été profondément affectés, ni qu'on puisse leur attribuer la disparition de telle ou telle espèce d'oiseau. Le point crucial dépend donc de la densité de population humaine elle-même, ainsi que l'augmentation du nombre moyen de chats par foyer humain. L'étude menée par Peter B. Churcher et John H. Lawton eux-mêmes, si sérieusement qu'elle ait été conduite, porte sur un échantillonnage trop faible pour pouvoir être extrapolée au niveau d'un pays tout entier[56].

Reste le fait que le potentiel destructeur du chat domestique s'est révélé, lors de ces études, être beaucoup plus important que ce que l'on pensait jusqu'alors, s'agissant d'une population domestique sans réel besoin de trouver sa nourriture par elle-même.

Chats retournés à l'état sauvage

S'il existe des chats redevenus sauvages dans de nombreux pays, c'est dans l'hémisphère sud, dans des pays comme l'Australie[57] ou la Nouvelle-Zélande — où les chats n'ont jamais été une population d'origine indigène — que ce problème présente le plus d'acuité. En effet, ces terres abritent des espèces, telles que le kakapo, particulièrement fragiles face à des carnivores mammifères placentaires importés, tels que les dingos ou les chats redevenus sauvages (« chat haret »). Ces chats ont eu des effets importants sur ces espèces animales, et ont joué un rôle majeur dans les risques d'extinction de plusieurs d'entre elles.

En Australie, de nombreuses espèces indigènes, des oiseaux, des lézards, de petits marsupiaux sont chaque année la proie de chats harets. Les chats, introduits en Australie au XVIIIe siècle par des colons britanniques, ont donné lieu à l'apparition d'une population sauvage, en particulier au XIXe siècle, où des chats domestiques ont été délibérément relâchés pour lutter contre la prolifération de souris et de lapins. Cette population redevenue sauvage est aujourd'hui très importante, puisqu'elle a été évaluée en 2004 à 18 millions de chats[58].

Des mesures d'éradication de ces chats, considérés comme invasifs, y sont d'ailleurs régulièrement menées par le gouvernement australien[57], sous le nom de *Threat Abatement Plans* (« Plans d'amoindrissement de la menace » sur la biodiversité). Ces plans identifient les espèces menacées par les chats (une trentaine d'espèces pour les seuls oiseaux, par exemple), ainsi que les actions à mener et les moyens à mettre en œuvre. Ils donnent lieu ensuite à une analyse des résultats obtenus.

Le problème écologique ainsi posé à l'Australie est extrêmement complexe, puisque la totale extermination des chats harets se traduirait aussitôt par la multiplication incontrôlée d'autres espèces invasives importées, comme les lapins et les rats[58]. C'est ce qui est arrivé par exemple dans l'île Macquarie, où l'éradication du chat s'est traduite par une explosion désastreuse du nombre de lapins[59].

En Nouvelle-Zélande, la menace est du même ordre, à la fois dans son origine (population de chats domestiques relâchés au XIXe siècle pour lutter contre la prolifération des lapins), et dans ses conséquences sur les espèces locales. Les chats harets sont par ailleurs soupçonnés de véhiculer la tuberculose, même s'il est loin d'être prouvé qu'ils puissent transmettre la maladie à d'autres espèces[60]. Il est permis en Nouvelle-Zélande de tirer sur les chats soupçonnés d'être des chats harets, ce qui amène à garder enfermés chez soi les chats domestiques lorsque des battues sont organisées.

Reproduction

Maturité sexuelle

Le développement des fonctions reproductrices du chat mâle commence vers trois mois avec l'augmentation de la production de testostérone. Vers six ou sept mois des épines apparaissent sur le pénis du chat[30]. À cet âge, il peut commencer à se reproduire et souvent, marque son territoire en émettant des jets d'urine très odorants.

La femelle devient pubère dès son premier œstrus (communément appelé « chaleurs ») qui survient en moyenne entre sept et dix mois[61]. Dès les premières chaleurs, qui durent de un à cinq jours[61], la chatte est capable de se reproduire. Elle connaît ensuite de nombreuses périodes de chaleurs, généralement situées du printemps à l'automne. Il est possible qu'une chatte soit de nouveau fécondée deux semaines après avoir mis bas[30].

Accouplement

Lorsque les mâles sont à même de pouvoir s'accoupler avec la femelle, encore faut-il que cette dernière les accepte. Lors de l'accouplement, qui dure entre 5 et 15 secondes[30], le mâle monte sur le dos de la femelle et lui mord la peau du cou et piétine la croupe pour améliorer la pénétration. Les petites épines présentes sur le pénis du mâle orientées vers l'arrière raclent les parois du vagin de la femelle. Cette stimulation du vagin est nécessaire pour déclencher l'ovulation chez la chatte[62]. À chaque pénétration, la chatte émettra un nouvel ovule, ce qui explique pourquoi les chatons d'une même portée peuvent être de pères différents[63].

Des hybridations sont possibles entre chat domestique et Chat sauvage[64],[65]. On s'attend à ce que ce phénomène soit de plus en plus fréquent avec la fragmentation des forêts et une pénétration plus forte des chats domestiques, et il pourrait être une source de "pollution génétique"[66] et de propagation de zoonoses et de virus[67] ou autres pathogènes et parasites félins[65].

Gestation et mise bas

La gestation dure 63 à 65 jours et une portée compte en moyenne quatre à cinq chatons, le maximum étant de huit[61]. Le ventre de la chatte commence à gonfler vers quatre semaines de gestation. À environ 35 jours, les mamelles de la femelle grossissent et rosissent. À sept semaines, elle commencera à chercher un endroit calme et convenable pour accoucher[68].

Environ vingt minutes après ses contractions, la chatte met bas son premier chaton, puis, en général, les autres chatons arrivent toutes les quinze minutes. Les chatons arrivent dans une poche, la chatte lave immédiatement ses petits à coups de langue pour stimuler leur première inspiration. Ensuite, elle mange le placenta, qui est très nutritif, et coupe le cordon ombilical[68].

L'élevage des chatons

Lorsque les chats vivent en groupe, il y a une synchronisation de l'œstrus entre les femelles du groupe. Ceci favorise les naissances synchronisées et permet un élevage communautaire des jeunes. L'élevage communautaire est important car en cas de disparition d'une des mères, les chatons orphelins sont élevés par les autres femelles[29]. Notons que de nombreux cas ont montré que, chez le chat domestique, l'élevage des chatons orphelins peut être la tâche d'une chatte ou d'un chat stérilisé. La synchronisation de l'œstrus permet donc juste l'allaitement par des femelles elles-mêmes allaitantes. Selon N. Magno, psychologue et passionnée d'éthologie, le comportement maternel est indépendant des hormones ovariennes ; il peut être stimulé par une forte chute du niveau d'œstrogène et de progestérone, qui se produit après la stérilisation comme après la mise bas[69].

Le chaton naît aveugle (les yeux fermés) et sourd et pèse de 100 à 110 g[61] ; lorsqu'il ouvre les yeux, à l'âge de huit à douze jours, ils sont de couleur bleue jusqu'au changement définitif (vers deux mois)[70]. Tous les chatons naissent avec des rayures fantômes qui disparaissent peu à peu avec la pousse du poil[33].

La chatte apprend aux chatons à se laver, se nourrir, etc. À quatre semaines, elle leur apporte leur première proie vivante, puis à cinq semaines, elle leur apprend les rudiments de la chasse[33]. L'émancipation se produit entre huit à douze semaines, mais la séparation de la famille se déroule à l'âge de six à huit mois[61].

Chatte et sa portée

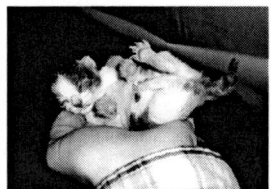
Chaton âgé de trois heures.

Chaton âgé de 6 semaines.

Stérilisation

La stérilisation est une opération chirurgicale destinée à empêcher la reproduction de l'animal. Chez le mâle, elle est appelée castration et consiste en l'ablation des testicules. Chez la femelle, la stérilisation est effectuée par l'ablation des ovaires : l'ovariectomie.

Outre l'arrêt de la reproduction (limitation de la taille de population), la stérilisation modifie le comportement et la physiologie de l'animal. Chez le mâle, une stérilisation précoce (avant la puberté) limite le comportement territorial et diminue la tendance au marquage (urine, griffades). Les chaleurs des femelles s'arrêtent. Les changements hormonaux accompagnant la stérilisation peuvent provoquer une prise de poids car les besoins énergétiques sont réduits[71]. Comme le chat est encore en pleine « adolescence », il faut limiter le développement des cellules graisseuses. Si le chat est trop nourri au regard de ses nouveaux besoins, leur nombre aura tendance à augmenter. C'est pourquoi il est fortement recommandé de surveiller le régime alimentaire du chat stérilisé (mâle ou femelle) pendant les trois mois qui suivent l'intervention. Ainsi, à l'âge adulte, les risques d'obésité deviendront minimes.[réf. souhaitée]

Pour les femelles, la prise de pilules ou de piqûres contraceptives, qui bloquent le cycle de reproduction et fait disparaître les chaleurs, sont parfois utilisées comme une alternative à la stérilisation chirurgicale. Les injections, quant à elles, permettent de stériliser provisoirement une femelle sur de plus longues périodes. En général, leurs effets s'étalent sur trois mois lors de la première injection, puis sur cinq mois si l'on poursuit régulièrement le même traitement. Étant incompatibles avec un état de gestation, elles doivent être administrées de préférence en dehors des périodes de chaleurs, sous peine de risques d'infections. Ces méthodes de contraception sont soupçonnées d'avoir des effets secondaires comportementaux et cancérigènes[72].

Santé

Maladies

Les maladies propres au chat sont courantes chez les individus vivant à l'extérieur. Le risque qu'ils les contractent peut être minimisé de manière très importante en procédant à leur vaccination, à leur stérilisation et en restreignant leurs accès à l'extérieur.

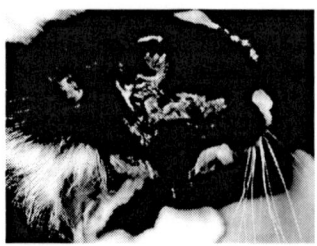

Prurit dû ici à une allergie alimentaire mais qui peut aussi être causé par une intolérance aux piqûres de puces.

Certaines maladies du chat sont des zoonoses, c'est-à-dire qu'elles sont transmissibles à l'homme. Parmi celles-ci, les plus connues sont la rage, la tuberculose, la toxoplasmose, la lymphoréticulose, la pasteurellose et la yersiniose[73].

En dehors des maladies infectieuses, parasitaires et virales, le chat peut être sujet à diverses maladies dues à son alimentation (allergie, diabète sucré, obésité, ...), à des blessures, à des maladies génétiques, etc. Certaines pathologies peuvent être plus ou moins fréquentes selon les races : par exemple, environ 40 % des persans et exotics shorthairs sont sujets à la polykystose rénale[74], et l'abyssin est fréquemment atteint d'amyloïdose rénale[75].

Parasites

Le chat a de nombreux parasites, des ectoparasites comme *Ctenocephalides felis*, une puce plus spécifique au félidé et qui leur transmettent, comme à d'autres carnivores d'ailleurs, un petit ténia (*Dipylidium caninum*)[76]. Le chat peut également être touché par d'autres espèces de puces. *Felicola subrostratus* est une espèce de poux spécifique infectant principalement les animaux âgés. Bien que plus rarement touchés que pour les hommes ou les chiens, quelques espèces de tiques peuvent infecter les chats. Les parasites internes sont moins spécifiques, comme les parasites intestinaux que ce soit les ténias ou ascaris, les coccidies, les trichuris, enfin d'autres sont mieux connus du public par les maladies qu'elles causent comme la gale auriculaire, la toxoplasmose, la dirofilariose, les ankylostomes, la douve du foie, la giardose.

Longévité

Le chat domestique a une longévité atteignant régulièrement 12 à 18 ans[61]. Creme Puff (3 août 1967 au 6 août 2005), qui mourut à l'âge de 38 ans et 3 jours, est le plus vieux chat jamais enregistré, selon l'édition 2007 du livre Guinness des records ; il vivait avec son propriétaire, Jake Perry, à Austin, Texas, États-Unis[77]. Le précédent record était antérieurement détenu par Puss, chat tigré britannique mort en 1939 à l'âge de 36 ans[115].

Obligations légales en Europe

Comme tous les carnivores domestiques de compagnie le chat doit posséder un passeport européen pour voyager[78] et pour cela être vacciné, examiné et identifié. Les animaux de compagnie, et notamment les chats, ne peuvent être vendus à des mineurs de moins de 16 ans, sauf avec l'accord exprès du responsable parental[79].

En Belgique

Lors de la vente d'un chat domestique :

- l'animal doit être âgé d'au moins huit semaines (les éleveurs et diverses associations félines conseillent également d'attendre l'âge de trois mois)
- si l'animal est un chat de race, il doit posséder ou avoir fait l'objet d'une demande de pedigree,
- contrat de vente avec garanties pour les chats de race,
- obligation de vacciner contre la rage au sud du sillon Sambre-et-Meuse[80].

En France

Lors de la vente d'un chat domestique :

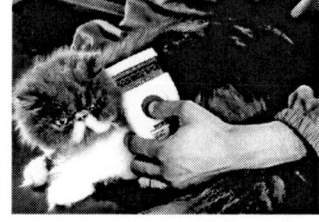

La puce sous-cutanée électronique, comme le tatouage, permet d'attribuer au chat un numéro identifiant unique.

- l'animal doit être âgé d'au moins 8 semaines (les éleveurs préconisent d'attendre l'âge de 3 mois pour une meilleure socialisation),
- identification de l'animal par tatouage (jusqu'au 3 juillet 2011 seulement[81].) ou transpondeur (puce sous-cutanée électronique), obligatoire même en cas de don,
- si l'animal est un chat de race, il doit posséder ou avoir fait l'objet d'une demande de pedigree,
- contrat de vente ou facture pour les professionnels,
- fiche de conseils d'élevage[82].

Divagations de l'animal : « Est considéré comme en état de divagation tout chat non identifié trouvé à plus de deux cents mètres des habitations ou tout chat trouvé à plus de mille mètres du domicile de son maître et qui n'est pas sous la surveillance immédiate de celui-ci, ainsi que tout chat dont le propriétaire n'est pas connu et qui est saisi sur la voie publique ou sur la propriété d'autrui[83] ». Il peut alors être capturé et conduit en fourrière[84] pour être placé ou euthanasié à moins d'être réclamé et identifié par son propriétaire dans les huit jours qui suivent[85].

En Suisse

En Suisse, le propriétaire d'un chat domestique doit faire en sorte que son animal ait des contacts quotidiens avec des êtres humains ou un contact visuel avec des congénères. Les chats domestiques ne peuvent être détenus en enclos que pour des durées passagères et doivent pouvoir en sortir au moins cinq jours par semaine ; de plus, les dimensions de cet enclos sont réglementées[86].

Il est recommandé que le chat soit également vacciné contre le typhus, le coryza et la leucose féline, et qu'il ait été régulièrement vermifugé depuis l'âge de trois à quatre semaines.

Le chat à travers l'histoire

Évolution de l'espèce

Le chat domestique appartient au genre *Felis* depuis sa première description par Carl von Linné en 1758 en tant que *Felis catus* dans la trentième édition de *Systema naturae*[87] , mais sa position dans la classification des êtres vivants a varié fortement : le chat domestique a pris tantôt le statut d'espèce, tantôt celui de sous-espèce du chat sauvage (*Felis silvestris*) et de nombreux synonymes de l'un ou l'autre des termes ont existé.

Dans son *Het Leven der Dieren Zoogdieren*, Brehm désigne le chat domestique comme *Felis maniculata domestica*.

En 2006, des travaux effectués sur les chromosomes sexuels et l'ADN mitochondrial de toutes les espèces de félins, conjugués à des recherches paléontologiques, ont révélé que la lignée du Chat domestique (*Felis catus*) a vraisemblablement divergé il y a 3,4 millions d'années, au Pliocène, dans les déserts et les forêts denses du bassin méditerranéen[88] . Une autre étude moléculaire menée sur 979 individus (chats des sables, chats sauvages de différentes sous-espèces et chat domestique) en 2007 a permis de montrer les liens proches entre le chat ganté (*Felis silvestris lybica*) et le chat domestique : ceux-ci auraient divergé il y a environ 130000 ans[1] .

Arbre phylogénétique de *Felis silvestris*[1]

Felis silvestris silvestris - Chat sauvage d'Europe

Felis silvestris cafra - Chat sauvage sub-saharien

Felis silvestris ornata - Chat orné

Felis silvestris bieti - Chat de Biet

Felis silvestris lybica - Chat ganté

Felis silvestris catus - Chat domestique

Domestication du chat

Les premières découvertes paléontologiques situaient les premiers foyers de domestication du chat en Égypte, vers 2000 av. J.-C., mais la découverte en 2004, par une équipe d'archéo-zoologie des restes d'un chat aux côtés de ceux d'un humain dans une sépulture à Chypre repousse le début de cette relation entre 7500 et 9000 ans avant J.-C. Le chat découvert présente une morphologie très proche du chat sauvage d'Afrique, sans les modifications du squelette dues à la domestication : il s'agissait d'un chat apprivoisé plutôt que domestiqué. La cohabitation des chats et des hommes est probablement arrivée avec le début de l'agriculture : le stockage du grain a attiré les souris et les rats, qui ont attiré les chats, leurs prédateurs naturels[89],[90] .

L'étude menée par Carlos Driscoll sur 979 chats a permis de déterminer l'origine probable du chat domestique : c'est dans le Croissant fertile que félins et hommes auraient noué contact. Cinq domestications différentes du Chat ganté eurent lieu, il y a 8000 à 10000 ans[88].

Le chat domestique n'est pas la seule espèce parmi les *Felinae* utilisée comme animal de compagnie, le Chat ganté[91] et le Jaguarondi[92] sont ou ont été apprivoisés eux-aussi pour chasser les souris et les rats.

Antiquité

Les Égyptiens de l'Antiquité divinisèrent le chat sous les traits de la déesse protectrice Bastet, symbole de la fécondité et de l'amour maternel, dont le culte se situait principalement dans la ville de Bubastis. Les archéologues ont découvert de très nombreuses momies de chats qui montrent à quel point les Égyptiens les vénéraient ; on peut voir ces momies, entre autres, à Paris (musée du Louvre), à Londres (British Museum) ou au Caire (Musée égyptien du Caire)[93].

En guise d'animaux chasseurs de rongeurs, la Grèce antique ne connaît longtemps que les mustélidés (furets et belettes). Ce sont les Phéniciens qui volèrent aux Égyptiens quelques couples de leur animal sacré pour les revendre aux Grecs. Aristophane cite même la présence d'un marché aux chats à Athènes[93],[94].

Une mosaïque de Pompéi.

Les Romains, en revanche, vouaient une passion au chat : d'abord réservé aux classes aisées, l'usage de posséder un chat se répandit dans tout l'Empire et dans toutes les couches de la population, assurant la dispersion de l'animal dans toute l'Europe[93].

Moyen Âge et Renaissance

La déesse nordique Freyja dans son char tiré par ses chats, Nils Blommér, 1852.

En principe, l'image du chat est positive dans l'islam en raison de l'affection qu'éprouvait Mahomet, sauvé de la morsure d'un serpent par un chat[95]. À l'inverse, le chat fut satanisé dans l'Europe chrétienne durant la majeure partie du Moyen Âge, manifestement en raison de son adoration passée de la part des païens et surtout de la réflexion de la lumière dans ses yeux, qui passait pour être les flammes de l'Enfer. Dans la symbolique médiévale, le chat était associé à la malchance et au mal, d'autant plus quand il était noir, ainsi qu'à la sournoiserie et à la féminité. C'était un animal du diable et des sorcières[96]. On lui attribuait des pouvoirs surnaturels, dont la faculté de posséder neuf vies[93],[97]. Toutefois le chat est un animal courant et banal[98] tout au long du Moyen Âge et on lui reconnaît un rôle prophylactique[99]. Sa fourrure est couramment un objet de commerce[100].

Cependant, la Renaissance marqua un certain retour en grâce du chat, principalement en raison de son action préventive contre les rongeurs, dévoreurs de récolte. Les Grandes découvertes et la mise au jour d'espèces exotiques jouèrent également un rôle certain. L'empereur Charles-Quint emporta ainsi avec lui lors de sa retraite au monastère de Yuste deux petits chats brésiliens qui lui avaient été offerts par sa sœur Catherine de Portugal[101].

Périodes moderne et contemporaine

Une première tentative de réhabilitation fut la célèbre *Histoire des Chats : dissertation sur la prééminence des chats dans la société, sur les autres animaux d'Égypte, sur les distinctions et privilèges dont ils ont joui personnellement* (1727) de François-Augustin de Paradis de Moncrif. L'auteur y prend la défense du chat à travers des références historiques, notamment à l'ancienne Égypte, qui se veulent érudites et constituent en réalité un pastiche de la pédanterie[102].

Malgré de nobles exceptions comme les chartreux de Richelieu ou le persan blanc de Louis XV, le chat ne connut son véritable retour en grâce qu'à la faveur du romantisme : il devint l'animal romantique par excellence, mystérieux et indépendant. Toujours au XIXe siècle, il se retrouva également symbole du mouvement anarchiste[103] (France), à travers son image poétique, autonome et gracieuse. Le XXe siècle, quant à lui, a gardé cette vision romantique tout en s'intéressant au chat d'une manière plus scientifique.

Le chat dans la culture populaire et les arts

Chats célèbres

Au contraire du chien ou du cheval, célèbres par leur actes, le chat, de par son comportement indépendant, est surtout connu comme l'animal de compagnie de personnages célèbres. Tels les chats tueurs de souris de la résidence du premier ministre du Royaume-Uni ou les chats des écrivains (« Hodge », le chat de Samuel Johnson ou encore « Kiki la Doucette », « Toune » et « Minionne » de Colette), la célébrité d'un chat s'acquiert par la notoriété de son maître.

Cependant quelques chats se démarquent, comme Oscar, qui détecterait la mort imminente des patients d'une unité hospitalière de Rhode Island, ou encore Orangey, le chat acteur.

Superstitions

Au Japon, le chat est un porte-bonheur au travers des Maneki-Neko, ces talismans représentants un chat avec la patte derrière l'oreille. Diverses légendes attribuent aux chats le pouvoir de prédire le temps qu'il fera : en Thaïlande, la bienveillance du dieu Indra est demandée au travers d'un rituel consistant à asperger d'eau un chat dans une cage, promenée autour du village[104]. Les chats pourraient aussi prévoir les séismes. On lui associe aussi le chiffre neuf : les sorcières pouvaient se changer en chat neuf fois, le chat aurait neuf vies[104] et pourrait avoir neuf propriétaires différents, le dernier étant emporté en enfer[105] ; enfin, citons ce fouet de marine : le chat à neuf queues.

Chat officiel sur un bâtiment de guerre de la Royal Navy britannique (1942), totalisant 30000 milles marins à son actif.

En Europe, le chat est le représentant du diable au Moyen Âge, ou est offert par celui-ci pour enrichir son propriétaire, comme la légende provençale des matagots qui ramènent une pièce d'or chaque matin[106]. Le chat amène aussi les sorcières au sabbat sur leur dos ; celles-ci peuvent aussi se jucher sur des chars tirés par des chats[106], de la même manière que la déesse Freya. De nombreux sorciers prennent la forme de chat durant leur réunion : c'est ce que reconnurent les sorciers du Vernon lors de leur procès en 1566[107].

Le chat noir est particulièrement sujet aux superstitions et croyances. En France, le noir et le rouge représentent les couleurs du diable ; aussi les chats noirs étaient-ils souvent rejetés de peur qu'ils n'attirent le malheur. Au contraire, au Royaume-Uni, croiser un chat noir porte bonheur[104].

Maneki-Neko.

La sorcière traditionnelle est accompagnée d'un chat noir.

Le regard des peintres et sculpteurs

En Europe, le chat a mis longtemps à conquérir sa place dans le monde artistique. À partir du XVIIe siècle, il apparaît de-ci de-là dans la peinture française, flamande, anglaise ou italienne, mais le plus souvent comme un élément du décor et généralement dans une scène de cuisine où il joue le rôle d'un voleur de nourriture. Le tableau le plus célèbre, en ce sens, est sans doute *La Raie* de Chardin, avec le chat arc-bouté sur la table. Il faudra attendre des œuvres comme *La Fillette au chat*, *La Petite Fille au chat* ou le *Portrait de Magdaleine Pinceloup de La Grange*, de Jean-Baptiste Perronneau[108], pour qu'il figure au premier plan d'un tableau, ne serait-ce qu'en tant que personnage secondaire.

Perronneau : *Magdaleine Pinceloup de La Grange*.

Hiroshige : Cent Vues d'Edo.

Cependant, ce sont les XIXe et XXe siècles qui l'ont consacré, avec des sculpteurs tels que Barye ou Diego Giacometti. Dans le domaine pictural, des artistes comme Delacroix, Manet, Renoir, Toulouse-Lautrec, Franz Marc, Raoul Dufy, Théophile Steinlen, Paul Klee, Balthus ou encore l'humoriste Dubout – sans oublier Jacques Faizant, pour le chat noir et blanc qui accompagnait les « vieilles dames » du *Figaro* et de *Paris-Match* – l'ont représenté par la peinture sur toile, le dessin, le pastel, la gravure, la lithographie ou encore l'estampe. Léon Huber a bâti sa notoriété en figurant des chats. Son nom est oublié du grand public. Les reproductions de ses œuvres continuent à avoir du succès auprès des amis des chats.[réf. nécessaire] Au XXIe siècle, certains artistes continuent de faire du chat une figure importante de leur bestiaire, comme Anne Poiré et Patrick Guallino. Leurs toiles, dessins, sculptures utilisent souvent cet animal, dans des variantes ludiques[109].

Le peintre anglais Louis Wain s'est quant à lui spécialisé dans la représentation des chats, de manières différentes au long de sa carrière : au début de celle-ci, les chats étaient, à la manière des écrits de Jean de la Fontaine, représentés avec des comportements humains. Wain s'est ensuite intéressé au chat en lui-même par des portraits, qui sont devenus de plus en plus abstraits, au fur et à mesure que la schizophrénie de l'artiste s'aggravait.

Dans l'art japonais, des artistes comme Hokusai et Hiroshige ont mis en scène des chats. Avant eux, un artiste comme Kaigetsudo Anchi en fait apparaître un, tenu en laisse par une élégante courtisane, dans une célèbre estampe conservée au musée national des Arts asiatiques-Guimet et publiée aux alentours de 1715[110].

Le chat dans la littérature

Historique

L'apparition du chat dans la littérature fut d'abord discrète. Peu aimé au Moyen Âge, où on ne lui confère guère que l'utilité de chasser les souris, les écrits le concernant reflètent les idées de l'époque. Au IXe siècle, Hildegarde de Bingen, dans son *Livre des subtilités des créatures divines* lui consacre un paragraphe bref et peu élogieux : « Au plus fort des mois d'été, [...] le chat demeure sec et froid. Le chat ne reste pas volontiers avec l'homme, excepté celui qui le nourrit[111]. » Le célèbre *Roman de Renart* a laissé l'image de Tibert le chat, tout aussi rusé et hypocrite que Renart, mais aimé par Noble, le lion[111].

Le chat est peu à peu « réhabilité » durant la Renaissance et de nombreux écrivains et poètes tels Pétrarque, mort la tête posée sur son chat, ou encore Joachim du Bellay améliorent la réputation du chasseur de souris. Au XIXe siècle, les auteurs romantiques portent une grande affection au félin : en 1869 paraît *Les Chats*[112] de Jules Champfleury réunissant la somme des connaissances de l'époque sur le chat, et qui révèle la place privilégiée du chat dans les milieux intellectuels[113]. Depuis le début du XXe siècle, les œuvres littéraires ayant pour héros principal ou secondaire le chat se sont multipliées. De nombreux auteurs, notamment Colette, ont mis en exergue leur(s) chat(s).

Chats de fictions

Les chats dans les contes et les fables

Dans les fables, le chat garde une image d'animal malin mais profiteur. *Raminagrobis*[114] est un chat gras et bien nourri que l'on trouve dans les *Fables de La Fontaine*, tout comme *Rodilardus* ou *Rodillard*[115], repris par Rabelais. Le chat est souvent mis en scène avec des souris ou des rats, dont il est le chasseur et son côté profiteur ou malin est mis en valeur par des compères aussi rusés que lui : singe ou renard par exemple[116].

Le chat du Cheshire dans *Alice au pays des merveilles* illustré par John Tenniel.

Dans les contes, le chat a une image plus mystérieuse. Ainsi, dans *Les Contes du chat perché* de Marcel Aymé, *Alphonse* dans le conte intitulé *La patte du chat*, peut faire pleuvoir en passant sa patte derrière l'oreille. Dans *Alice au pays des merveilles*, le chat du Cheshire apparait et disparait par morceaux mystérieusement, en laissant flotter son sourire. Quant au chat botté, il est l'héritage bienheureux que lègue le meunier à son troisième fils et qui rend son maître riche par la ruse[117].

Les chats dans les nouvelles et romans

Dans les romans et nouvelles, le chat garde souvent son aspect mystérieux, inspirant des écrits fantastiques comme *Le Chat noir* d'Edgar Allan Poe où deux chats noirs précipitent la folie du personnage principal. Le chat peut aussi être le témoin de la vie des hommes : dans le classique japonais *Je suis un chat* de Sōseki Natsume, un chat dépeint la société japonaise de l'ère Meiji. D'une autre manière, des sociétés félines, uniquement composées de chats, apparaissent comme *La Cité des chats* de Lao She ou la série de romans pour la jeunesse *La Guerre des clans*.

Le chat peut aussi être détective comme *Kao K'o Kung* et *Yom-Yom*, deux chats siamois mis en scène dans une série de romans de Lilian Jackson Braun ou encore *Francis*, le chat détective de Akif Pirinçci, dont la série de roman *Félidés*, *Chien méchant*, *Francis et les chats sauvages* aborde des problèmes philosophiques ou éthiques.

Dans les univers médiévaux-fantastiques, on trouve parfois des races hybrides dont les caractéristiques sont à la fois humaines et félines. Ce phénomène est particulièrement marqué dans les mangas, animes et autres jeux vidéo japonais, qui comportent assez souvent un personnage de jeune fille-chat, la *nekomimi* ou *nekomusume*.

Le chat dans la bande dessinée

Les chats sont bien représentés dans la bande dessinée. Personnages principaux d'aventures comiques comme *Garfield*, *Le Chat* de Geluck ou encore *Krazy Kat*, les chats peuvent aussi conter leur histoire comme *Le Chat du rabbin*. Souvent accompagnés d'un compère antagoniste pour faire rire, tels *Sylvestre* de *Titi et Grosminet*, *Tom* de *Tom et Jerry* ou *Hercule* de Pif et Hercule, les chats sont aussi des personnages secondaires récurrents comme les chats *Artémis*, *Luna* et *Diana* dans le manga *Sailor Moon* ou encore *Azraël* compagnon de Gargamel dans *Les Schtroumpfs* de Peyo.

Krazy Kat de George Herriman.

Le chat dans les jeux de rôles

Au moins deux jeux de rôles proposent de jouer des chats.
Le premier porte le titre de « Cat », de John Wick. Les chats y combattent les terribles *boggins* qui se nourrissent des rêves et des âmes des humains. Sous-titré « A little game about little heroes » ce jeu en anglais propose de nombreuses informations véridiques sur les chats mais également un cadre de jeu sans fin puis une partie des scénarios peuvent se dérouler dans le monde des rêves.
Malgré un titre anglophone, « Cats! The Masquerade » est un jeu de rôles amateur français. Dans ce jeu, les chats constituent la première espèce intelligente apparue sur Terre, bien avant les humains qu'ils ont créé pour être leurs serviteurs. Malgré leurs immenses pouvoirs, les chats ont perdu leur prééminence et doivent désormais survivre dans un monde qui leur est hostile. « Cats » propose également de jouer un Bastet, un corps humain dans lequel est emprisonné l'esprit d'un chat.

Me-Ow de Mel B. Kaufman est un air de ragtime exécuté au piano contenant une unique parole : « Me-Ow »[118].

D'autres jeux de rôles proposent de jouer des êtres mi-humain mi-chat, comme les félis dans *Nightprowler* inspiré d'un article du magazine Casus Belli pour AD&D.

Le chat dans la musique

Une des premières occurrences du chat en musique classique occidentale est d'Adriano Banchieri dans son *Contrapunto bestiale* ou *Festin de Jeudi-Gras* (1608)[119]. Par la suite, le félin a inspiré de nombreux compositeurs tels que Carlo Farina avec *Capriccio stravagante*, *Il gatto* en 1627 ou encore Hans Werner Henze, *La Chatte anglaise*[120].

À bon chat, bon rat. Illustration de Grandville.

Des opéras sont composés de miaulements, notamment *L'Enfant et les Sortilèges* selon un livret de Colette. Enfin, les chats furent les sujets principaux de la comédie musicale à succès *Cats*.

Dans la chanson populaire (*La mère Michel a perdu son chat*) comme dans le rock (*Le chat*, de Téléphone), le chat est mis en scène ou porté aux nues : la chanson *Delilah* dans l'album *Innuendo* de Queen est par exemple un hommage au chat de Freddy Mercury.

Georges Brassens était un amoureux des chats, il en possédait neuf lorsqu'il vivait Impasse Florimont. Il leur dédia plusieurs vers dont ceux-ci dans sa chanson « Le Testament » : « Qu'il boive mon vin, qu'il aime ma femme, qu'il fume ma pipe et mon tabac / Mais que jamais, mort de mon âme, jamais il ne fouette mes chats / Quoique je n'ai pas un atome, une once de méchanceté / S'il fouette mes chats, y'a un fantôme qui viendra le persécuter. »

Le chat artiste

L'ouvrage le plus célèbre sur le sujet : *Le Mystère des chats peintres* (1995) (*Why cats paint*)[121], de Burton Silver et Heather Buch, a connu une renommée internationale. Au départ conçu comme une vaste parodie critique de l'art contemporain (on y voit des photos de canapés éventrés et de souris mortes exhibées comme créations plastiques...), ce livre trop bien conçu est devenu référence en ce domaine. L'art félin est devenu un thème sérieux. Burton Silver est parodiste, caricaturiste et critique d'art ; Heather Buch, peintre et photographe. *Why cats paint* est le pendant de *Why paint cats*[122],[123] (*Pourquoi peindre les chats*), suivi quelques années plus tard par *Danse avec les chats*[124] (*Dancing with cats*) qui connut aussi un immense succès. Selon les éditeurs (quatrième de couverture) : « De plus en plus de personnes, dans le monde entier, se laissent séduire par cette extraordinaire méthode de canalisation de l'énergie féline... »

Le chat photographe

Le chat se voit doté d'une caméra ou d'un appareil photo numérique, le plus souvent autour du cou. Le déclenchement de l'appareil est programmé, soit à distance, soit selon un rythme donné[125],[126] (par exemple : toutes les 15 secondes).

Expressions populaires

Les proverbes et idiotismes liés au chat se comptent par dizaines en langue française, soit qu'ils mettent en scène l'animal lui-même (qui court vite, dort beaucoup et chasse les souris) ou mette en avant une de ces caractéristiques (« Avoir des yeux de chat », par exemple), soit que le terme de « chat » désigne l'homme, qui s'identifie alors au félin. La plupart de ces dictons datent de plusieurs siècles ; certains remontent même au Moyen Âge.

Aspects économiques

Commerce de la fourrure

Dans certains pays, la fourrure du chat fait l'objet, comme celle du chien, d'une demande importante dans les industries de la mode. De nombreuses associations de protection des animaux condamnent l'utilisation de la fourrure des chats[13]. Elle est désormais interdite d'importation et d'exportation en Europe depuis le 31 décembre 2008[127],[128].

Les mesures prises par l'Europe dans ce domaine visent à mettre fin — de façon identique dans toute l'Europe — aux abus constatés dans le commerce des fourrures, en particulier en provenance des pays asiatiques, dont l'étiquetage est souvent mensonger (fourrure de chat ou de chien importée sous d'autres désignations, par exemple en tant que fourrure synthétique). Ces pratiques seraient en particulier le fait de la Chine, qui se livrerait à l'élevage des chiens et des chats pour faire le commerce de leur fourrure à grande échelle[129].

Comme l'a déclaré à cette occasion Markos Kyprianou, commissaire européen à la santé et à la protection des consommateurs :

> « Le message transmis par les consommateurs européens est on ne peut plus clair. Ils estiment qu'il est inacceptable d'élever des chats et des chiens pour leur fourrure et ils refusent que des produits contenant ces fourrures soient vendus sur le marché européen. L'interdiction à l'échelle communautaire que nous proposons aujourd'hui signifie que les consommateurs auront la certitude de ne pas acheter, par mégarde, des produits contenant de la fourrure de chat et de chien[129]. »

D'après les enquêteurs de PETA-Allemagne, qui ont conduit une enquête en Chine du Sud, les chiens et les chats feraient l'objet en Chine d'un commerce très important, dans des conditions particulièrement choquantes[130] :
- tout d'abord, les chiens et chats, entassés à vingt dans des cages grillagées, seraient transportés ainsi par camion, chaque camion regroupant dans ces cages plus de 800 animaux, souvent blessés et affolés. Toujours selon la PETA, ce trafic concernerait des millions de chiens et chats, destinés à être tués pour leur fourrure ;
- les cages seraient déchargées des camions en les jetant à terre du haut du camion sans aucune précaution, parfois de plus de trois mètres de haut, fracturant les pattes des animaux. Ceux-ci seraient dans un certain nombre de cas des animaux volés, comme l'indique le collier qu'ils portent encore ;
- enfin, les peaux de ces chiens et de ces chats feraient fréquemment en Chine l'objet d'un étiquetage mensonger, générant pour le consommateur occidental le risque d'acheter sans le vouloir des vêtements en peau de chat ou de chien.

La nouvelle règlementation européenne interdit la mise sur le marché, l'importation dans la Communauté et l'exportation depuis cette dernière de fourrure de chat et de chien et de produits en contenant, à compter du 31 décembre 2008. Elle prend en compte les fraudes à l'étiquetage constatées de la part de certains pays tiers en se dotant des moyens de détection nécessaires. Selon le règlement (CE) n° 1523/2007 du Parlement européen et du Conseil du 11 décembre 2007[128] :

- « les États membres doivent, avant le 31 décembre 2008, informer la Commission des méthodes de détection de fourrure qu'ils utilisent pour déterminer l'espèce d'origine de la fourrure (par exemple la spectrométrie de masse MALDI-TOF) » ;
- « la Commission peut adopter des mesures arrêtant les méthodes analytiques à utiliser dans ce domaine » ;
- « les États membres doivent, avant le 31 décembre 2008, établir des sanctions appropriées pour veiller à ce que l'interdiction soit respectée et notifier ces dispositions à la Commission ».

Il est significatif du contexte de cette affaire que la Communauté précise qu'elle adopte cette règlementation alors même que « le traité ne permet pas à la Communauté de légiférer pour répondre à des préoccupations éthiques »[131], et que la Commission donne à cette occasion (23 janvier 2006) communication au Parlement européen et au Conseil, « concernant un plan d'action communautaire pour la protection et le bien-être des animaux au cours de la période 2006-2010 [COM(2006) 13 final - Journal officiel C 49 du 28 février 2006] »[128].

Marché de l'alimentation pour chats

Le marché de l'alimentation des chiens et chats (qui constitue le plus gros marché lié aux animaux de compagnie) a représenté en 2003 un total de 35 milliards d'USD au niveau mondial[132], dont entre 25 % et 30 % pour les États-Unis à eux seuls.

Parmi les fabricants et marques les plus connues, on compte Nestlé (Purina Beneful, Cat Chow, Dog Chow, Fancy Feast, Friskies, Tender Vittles), Masterfoods, filiale de Mars (Cesar, Pedigree, Royal Canin, Sheba, Whiskas), Procter & Gamble (Eukanuba, Iams), ou encore Colgate-Palmolive (Hill's Science Diet)[132].

Le marché américain des aliments pour chats (environ un gros quart du total, puisqu'il était en 2002 de 4.20 milliards de USD, soit 52 % du marché des aliments pour chiens[133]) présente une forte segmentation : aliments secs, aliments en boîte, snacks pour chats, aliments semi-humides, boissons... Les aliments secs gagnent du terrain sur le marché des aliments pour chats[134].

En France, le marché des aliments pour chats est constitué pour 67 % d'aliments humides, secteur dominé par Nestlé-Purina et Masterfoods ; mais ce secteur s'effrite (avec en particulier l'effondrement des marques « bas de gamme » Ronron et Kitekat, de Masterfoods), et la part de marché des aliments secs pour chat (dominé par Nestlé-Purina avec Friskies et Purina one) tend à progresser[135]. Dans la mesure où un kilogramme d'aliment sec équivaut à 4 kg d'aliment humide, les fabricants d'aliments pour chats peinent à compenser la baisse des aliments humides. Le marché français des aliments pour chats a donc tendance à stagner, voire à baisser.

Marché des dépenses de santé pour chats, et divers

Ce marché, qui regroupe l'ensemble des dépenses non alimentaires (les plus importantes étant les dépenses de santé), comprend, pour les animaux de compagnie en général[136] :
- les médicaments, dont les plus importants sont les anti-parasites (contre les puces et les tiques) ;
- les soins vétérinaires ;
- le toilettage ;
- la prise en pension ;
- le dressage ;
- les autres produits et services (crémations et enterrements, *animal-sitting*[137], transport, assurances, litières, jouets, voyantes pour animaux de compagnie…).

Les chiffres disponibles[138] prennent en compte les différents marchés de façon globale, pour l'ensemble des animaux de compagnie. Dans la mesure où, aux États-Unis (le principal marché), 71 % des propriétaires de chats ou de chiens achètent pour eux des médicaments (ce qui limite un biais éventuel)[139], il n'est pas illégitime de penser que la part des dépenses pour les chats est assez symétrique des dépenses d'alimentation, soit entre un quart et un tiers du total (les dépenses de ce type se concentrent sur les chiens et chats).

Les analystes s'accordent à considérer que le marché américain pour ces produits de santé pour les animaux de compagnie représentent environ 40 % du total mondial[140]. L'analyse du marché des États-Unis fournit donc une bonne base pour la compréhension du marché mondial.

Le marché des médicaments et soins pour les animaux de compagnie en général est encore peu important par rapport aux médicaments et aux soins destinés aux humains. Il est cependant très lucratif, car les propriétaires des animaux de compagnie n'hésitent pas à payer le prix fort pour soigner ceux-ci, qu'ils considèrent comme partie intégrante de leur famille.

En 2006, le marché aux États-Unis pour les médicaments, soins vétérinaires, produits et services autres que les seuls aliments s'est élevé à 18.5 milliards d'USD, et les attentes pour 2007 étaient une croissance de 6 % par rapport à ce chiffre[140], soit près de 20 milliards d'USD.

Là dessus, les produits (hors soins et services) destinés à la santé des animaux de compagnie ont représenté environ 6.6 milliards d'USD de dépense globale, dont un tiers correspond aux produits contre les puces et les tiques. Le produit « vedette » est l'anti-parasite Frontline, de Merial (fipronil), qui a atteint en 2007 le statut de médicament *blockbuster* (« champion des ventes ») avec un chiffre d'affaires de plus de un milliard d'USD[139].

Pour l'année 2007, d'autres études évaluent le marché aux États-Unis des dépenses de santé pour animaux de compagnie au chiffre encore plus élevé de 25.3 milliards d'USD[139].

Outre les médicaments (qui incluent maintenant des anti-dépresseurs[141]), les animaux de compagnie bénéficient de soins vétérinaires. La montée des dépenses pour les animaux de compagnie se traduit aussi par l'apparition de contrats d'assurance qui leur sont spécifiques. La Suède est très en pointe dans ce domaine, loin devant l'Angleterre ou les États-Unis, puisque, en 2005, 50 % des propriétaires suédois d'animaux de compagnie avaient une assurance pour eux, contre moins de 10 % aux États-Unis[142], représentant 0.7 milliard de dollars aux États-Unis en 2007[143]

Voir aussi

Articles connexes

Articles détaillés

- Robes de chats
- Races de chats
- Chat dans l'Égypte antique
- Chat dans la musique
- Histoire du chat

Articles connexes

- Ronronnement
- Animal de compagnie
- Chat haret : chat domestique retourné à l'état sauvage.
- Chat sauvage : espèce de félin dont est issu le chat domestique.
- Autres espèces animales désignées par le terme « chat »
- Chat de Schrödinger : expérience de pensée.
- Lolcat
- Comportementaliste
- Chat (héraldique)

Listes

- Liste des maladies des félins
- Liste des chats célèbres
- Liste des chats de fiction
- Liste des races de chats
- Liste de proverbes et expressions sur le chat
- Liste des associations félines

Bibliographie

Bibliographie générale

- Laurence Bobis, Les Neuf Vies du chat, Gallimard, coll. « Découvertes Gallimard », 21 février 1991, 160 p. (ISBN 978-2070531264).
- Jules Champfleury, Les Chats : histoire, mœurs, observations, anecdotes, éd. orig. J. Rothschild, 1868
- Joël Dehasse et Colette de Buyser, Le Chat cet inconnu, Bruxelles, Vander, 23 mai 1980, 316 p. (ISBN 978-2800800745).
- Joël Dehasse, Tout sur la psychologie du chat, Odile Jacob, 11 septembre 2008, 608 p. (ISBN 978-2738119223).
- Bruce Fogle, Le Monde fascinant du chat, Gründ, 1998, 246 p. (ISBN 978-2700054002).
- Jean-Louis Hue, Le Chat dans tous ses états, Le Livre de poche, 2000 (ISBN 978-2253033066).
- Jean de La Robrie, Galerie des chats illustres, Hazan, 1972.
- Fernand Méry, Sa Majesté le Chat, Denoël, 1950.
- Fernand Méry, Le Guide des chats, Le Livre de poche, 1973.
- Desmond Morris, Le Chat révélé, Calmann-Lévy, 1995, 144 p. (ISBN 978-2702125083).
- Frédéric Vitoux, Dictionnaire amoureux des chats, Plon, 2008 (ISBN 978-2259206860).
- Christiane Sacase, Les Chats, Solar, coll. « Guide vert », février 1994, 256 p. (ISBN 2-263-00073-9).

Références taxinomiques

- Référence Fauna Europaea : *Felis silvestris* [1144] **(en)**
- Référence Animal Diversity Web : espèce *Felis silvestris* [1145] **(en)**
- Référence Animal Diversity Web : sous-espèce *Felis silvestris catus* [1146] **(en)**
- Référence ITIS : *Felis silvestris* Schreber, 1775 [1147] **(fr)** (+ version anglaise [1148] **(en)**)
- Référence NCBI : *Felis catus* [1149] **(en)**
- Référence NCBI : *Felis silvestris* [1150] **(en)**
- Référence UICN : espèce *Felis silvestris* Schreber, 1775 [1151] **(en)**
- Référence GISD : espèce *Felis catus* Linnaeus, 1758 [1152] **(en)**

Notes et références

Notes

[1] **(en)** Carlos A. Driscoll et al., « The Near Eastern Origin of Cat Domestication », dans *Science*, vol. 317, 27 juillet 2007, p. 519-523 [texte intégral (http://www.mobot.org/plantscience/resbot/repr/add/domesticcat_driscoll2007.pdf) **[PDF]** (le 14 novembre 2008)].

[2] **(en)** Cat (http://www.etymonline.com/index.php?term=cat), *The Online etymology dictionary*. Consulté le 15 mai 2007.

[3] « Le chat : origines et étymologie. » *Chat et compagnie*. 2006. (http://www.chat-et-cie.fr/chat.htm).

[4] Claude Duneton, *La Puce à l'oreille : anthologie des expressions populaires avec leur origine* / Paris : éd. Stock 1978 ; nouvelle édition revue et augmentée, Paris : éd. Balland, 2001.

[5] Le terme est utilisé par Madame de Sévigné dans ses *Lettres* (4 février 1689) pour désigner un jeune garçon.

[6] Littré, « Matou (http://francois.gannaz.free.fr/Littre/xmlittre.php?rand=&requete=matou) » sur http://francois.gannaz.free.fr", XMLittré, *1863, puis 1872-1877*. *Consulté le 7 novembre 2008.*

[7] Littré, « Mistigri (http://francois.gannaz.free.fr/Littre/xmlittre.php?rand=&requete=mistigri) » sur http://francois.gannaz.free.fr", XMLittré, *1863, puis 1872-1877*. *Consulté le 7 novembre 2008.*

[8] Définitions lexicographiques (http://www.cnrtl.fr/lexicographie/Greffier) et étymologiques (http://www.cnrtl.fr/etymologie/Greffier) de « Greffier » du TLFi, sur le site du CNRTL.

[9] Greffier (http://argot.abaabaa.com/dictionnaire_argot_francais.php) sur http://argot.abaabaa.com", Dictionnaire *en ligne Argot-français*. *Consulté le 25 novembre 2008.* « *Les faubouriens, qui n'aiment pas les gens à robe noire, et emploient à dessein ce mot à double compartiment où l'on sent la griffe.* ».

[10] Peter Jackson et Adrienne Farrell Jackson (trad. Danièle Devitre), Les félins : toutes les espèces du monde, Delachaux et Niestlé, coll. « La bibliothèque du naturaliste », octobre 1996, 272 p. (ISBN 2-603-01019-0), « À propos des félins », p. 7-24.

[11] La TICA, l'ACFA et la CFA admettent la polydactylie chez le Maine Coon par exemple.

[12] Rémy Marion (dir.), Cécile Callou, Julie Delfour, Andy Jennings, Catherine Marion et Géraldine Véron, Larousse des félins, Paris, Larousse, septembre 2005, 224 p. (ISBN 2-03-560453-2 et 978-2035604538) (OCLC 179897108 (http://worldcat.org/oclc/179897108&lang=fr)), « De la tête aux pieds : un équipement efficace », p. 119-125.

[13] Anatomie du chat (http://www.racedechat.com/m1s2.html). Consulté le 16 décembre 2007.

[14] « Tout sur la psychologie du chat » de Joël Dehasse - Deuxième partie « le chat et ses comportements », les comportements locomoteurs.

[15] Le livre Guinness des records 1999 [« *Guinness book* »], Guinness Éditions, septembre 1999, 286 p. (ISBN 2-911792-10-8), « Le monde naturel », p. 120-121.

[16] *L'Encyclopédie du Chat Royal Canin*, tome 3, édition Aniwa Publishing.

[17] Cf. *Le Traité Rustica du chat*, éditions Rustica - Chapitre trois, le chat, anatomie, physiologie et développement.

[18] Précisions sur les aspects génétiques liés à la robe des chats (*quality-cat-care.com*) (http://www.quality-cat-care.com/cat-trivia.html).

[19] Rémy Marion (dir.), Cécile Callou, Julie Delfour, Andy Jennings, Catherine Marion et Géraldine Véron, Larousse des félins, Paris, Larousse, septembre 2005, 224 p. (ISBN 2-03-560453-2 et 978-2035604538) (OCLC 179897108 (http://worldcat.org/oclc/179897108&lang=fr)), « Une physiologie de chasseur », p. 126.

[20] **(en)** White Cats, Eye colours and Deafness (http://www.messybeast.com/whitecat.htm). Consulté le 16 décembre 2007.

[21] Rémy Marion, Catherine Marion, Géraldine Véron, Julie Delfour, Cécile Callou et Andy Jennings, Larousse des Félins, LAROUSSE, 2005, 224 p. (ISBN 2-03-560453-02).

[22] Christiane Sacase, Les Chats, Solar, coll. « Guide vert », février 1994, 256 p. (ISBN 2-263-00073-9), « Comprendre et connaître le chat », p. 17-32.

[23] Dr Bruce Fogle (trad. Sophie Léger), Les chats, Gründ, coll. « Le spécialiste », août 2007, 320 p. (ISBN 978-2-7000-1637-6), p. 208.

[24] Cf. *Le Traité Rustica du chat*, éditions Rustica.

[25] Cf. *Science & Vie Junior*, hors série n° 67.

[26] Selon la loi du 6 janvier 1999, chapitre II, article 276-5. Extrait ici (http://www.afas-siamois.com/textes_loi99_2.htm#race_lo).

[27] Chiens, chats et compagnie (http://www.afirac.org/pages/ccc_chiens-chats-compagnie.php) sur le site de l'Association française d'information et de recherche sur l'animal de compagnie (http://www.afirac.org/index.php).
[28] Le nombre de races reconnues varient selon les associations félines : 42 pour la FIFé, 63 pour le LOOF, 54 pour la TICA et 39 pour le CFA par exemple.
[29] Say, Ludovic (UCBL. Université Claude Bernard de Lyon, Lyon 1. Laboratoire de Biométrie, Génétique et Biologie des Populations. France) ; Pontier, Dominique (dir.). *6203 - Système d'appariement et succès de reproduction chez le chat domestique (Felis catus L.) : conséquences sur la distribution de la variabilité génétique* (http://biomserv.univ-lyon1.fr/txtdoc/THESES/SAY/TheseSAYL.pdf)**[PDF]**. UCBL. Université Claude Bernard de Lyon, Lyon 1. BBE. Laboratoire de Biométrie et biologie évolutive. Thèse, 11 juillet 2000.
[30] Joël Dehasse, Tout sur la psychologie du chat, Odile Jacob, mars 2005, 602 p. (ISBN 2-7381-1603-5), « Le monde du chat », p. 416.
[31] Selon le Littré de 1878, le verbe *miauler* vient de l'onomatopée *miaou* et a connu diverses formes selon les régions et les époques : *midler* dans le Berry ou *mialer* à Genève, par exemple.
[32] Ce verbe s'emploie en principe à propos des cailles. Littré, en 1878, indique : « On dit des cailles qu'elles margottent pour signifier un certain cri qu'elles font avant que de chanter ».
[33] Peter Jackson et Adrienne Farrell Jackson (trad. Danièle Devitre), Les félins : toutes les espèces du monde, Delachaux et Niestlé, coll. « La bibliothèque du naturaliste », octobre 1996, 272 p. (ISBN 2-603-01019-0), « Chat domestique », p. 254.
[34] **(en)** Dennis C. Turner, Paul Patrick Gordon Bateson, The domestic cat: the biology of its behaviour, p. 72.
[35] **(fr)** Mariolina Cappelletti, « Que signifie le « miaou » du chat ? (http://wamiz.com/chats/guide/que-signifie-le-miaou-du-chat-1525.html) » sur http://wamiz.com/".
[36] La proximité des sons, surtout en français, peut amener à entendre « Maman » ou « *mama* » en anglais.
[37] Docteur Jean-Pierre Mauriès, « Le ronronnement (http://www.vetopsy.fr/sens/audi/mur_ct.php#ronron) » sur http://www.vetopsy.fr", Site *de Vétopsy. Consulté le 15 novembre 2008.*
[38] Joël Dehasse, Tout sur la psychologie du chat, Odile Jacob, mars 2005, 602 p. (ISBN 2-7381-1603-5), « Vivre avec un chat », p. 50.
[39] Michel Jouvet, « Le Sommeil paradoxal (http://ura1195-6.univ-lyon1.fr/articles/jouvet/jcnrs/paradoxal.html) » sur http://ura1195-6.univ-lyon1.fr/", Société *française de recherche et de médecine du sommeil, 1961. Consulté le 20 novembre 2008.*
[40] Michel Jouvet, « Données expérimentales établies sur le chat : la phase rhombencéphalique du sommeil (http://ura1195-6.univ-lyon1.fr/articles/jouvet/cnrs_61/physio.html) » sur http://ura1195-6.univ-lyon1.fr/", Société *française de recherche et de médecine du sommeil, 1961. Consulté le 20 novembre 2008.*
[41] Dr Rousselet-Blanc, Le Chat, Larousse, septembre 1983, 256 p. (ISBN 2-03-5171116-4).
[42] **(en)** PETA - *Declawing Cats: Manicure or Mutilation?* (http://www.helpinganimals.com/Factsheet/files/FactsheetDisplay.asp?ID=42). Consulté le 25 septembre 2008.
[43] Article 10 (http://conventions.coe.int/Treaty/fr/Treaties/Html/125.htm) de la Convention européenne pour la protection des animaux de compagnie.
[44] Caméra à haute vitesse montrant le lapement du chat au ralenti (http://www.youtube.com/watch?v=BlhaGk0i4Q8&feature=player_embedded).
[45] Les chercheurs en mécanique des fluides ont calculé que la fréquence de lapement augmente avec la masse élevée à la puissance $-\frac{1}{6}$.
[46] Robot mimant le lapement (http://www.youtube.com/watch?v=2iqSRgSwj2E).
[47] **(en)** Pedro M. Reis et coll., « How Cats Lap: Water Uptake by Felis catus », dans *Science*, vol. 26, 11 novembre 2010, p. 1231-1234 [lien DOI (http://dx.doi.org/10.1126/science.1195421)].
[48] Docteur Jean-Pierre Mauriès, « Comportement d'élimination fécale chez le chat (http://www.vetopsy.fr/chat/etho_ct/elimsex/fecal_ct.php) » sur http://www.vetopsy.fr", Vetopsy.*Consulté le 22 novembre 2008.*
[49] Vetopsy, *op. cit.*, Comportement d'élimination urinaire chez le chat (http://www.vetopsy.fr/chat/etho_ct/elimsex/urine_ct.php).
[50] Site du Docteur vétérinaire Henin (http://veterinairehenin.skynetblogs.be/post/3647703/la-thyroide) ou « Quand votre chat prend de l'âge » sur E-Santé (http://www.e-sante.be/be/magazine_sante/sante_magazine/votre_chat_age-5411-1002-art.htm). Consultés le 26 septembre 2008.
[51] Pam Johnson-Benett, Comment penser chat, Petite bibliothèque Payot, février 2006, 557 p., « Quelle alimentation ? », p. 267.
[52] Peter Jackson et Adrienne Farrell Jackson (trad. Danièle Devitre), Les félins : toutes les espèces du monde, Delachaux et Niestlé, coll. « La bibliothèque du naturaliste », octobre 1996, 272 p. (ISBN 2-603-01019-0), « Chat domestique », p. 253.
[53] **(en)** Oiseaux tués par les chats à Wichita (http://www.icogitate.com/~tree/bad.cats.htm).
[54] **(en)** Nombre de proies des chats du Bedfordshire (http://mdc.mo.gov/conmag/1999/06/30.htm).
[55] **(en)** Caractère non naturelle de la prédation effectuée par les chats domestiques **[PDF]** (http://www.abcbirds.org/abcprograms/policy/cats/materials/predation.pdf).
[56] **(en)** Différents points de vue sur la prédation opérée par les chats (http://catnet.stanford.edu/articles/understd_pred.html).
[57] **(en)** *Predation by feral cats* (http://www.environment.gov.au/biodiversity/threatened/publications/tap/cats08.html).
[58] « Plan d'Amoindrissement de la Menace » sur la biodiversité en Australie **[PDF]** (http://www.environment.gov.au/biodiversity/threatened/publications/tap/pubs/tap-cat-report.pdf).
[59] C.D, « Quand les chats sont éradiqués, les lapins dansent… », dans *[et avenir* (http://sciencesetavenirmensuel.nouvelobs.com/ lSciences)/, 13 janvier 2009 [texte intégral (http://tempsreel.nouvelobs.com/actualites/20090113.OBS9576/?xtmc=macquarie&xtcr=2) (le 30 janvier 2009)].
[60] **(en)** Problème posé à la Nouvelle-Zélande par les chats redevenus sauvages (http://www.targetpest.co.nz/cat.htm).

[61] Peter Jackson et Adrienne Farrell Jackson (trad. Danièle Devitre), Les félins : toutes les espèces du monde, Delachaux et Niestlé, coll. « La bibliothèque du naturaliste », octobre 1996, 272 p. (ISBN 2-603-01019-0), « Chat domestique », p. 255.
[62] Christiane Sacase, Les chats, Solar, coll. « Guide vert », février 1994, 256 p. (ISBN 2-263-00073-9), « Sexe et reproduction », p. 53-64.
[63] M. Alnot-Perronin, C. Arpaillange et P. Pageat, Le Traité Rustica du chat, Rustica éditions, octobre 2006, 447 p. (ISBN 2-84038-680-1), « La reproduction », p. 350.
[64] Devillard S., Jombart T., Pontier D. 2009. Revealing cryptic genetic structures in a metapopulation of stray cats Felis silvestris catus in an urban habitat. Mammalian Biology 74(1): 59-71
[65] LBBE - UNIV LYON 1 ; Offre de thèse *Hybridation et maladies infectieuses entre chats domestiques (Felis silvestris catus) et chats forestiers (F. s. silvestris)* (http://lbbe.univ-lyon1.fr/Offre-de-These,3005.html) - Sept. 2011 - avec comme directeurs de thèse : Dominique Pontier & David Fouchet
[66] O'Brien J., Devillard S., Say L., Vanthomme H., Léger F., Ruette S., Pontier D. 2009. Preserving genetic integrity in a hybridising world: are European Wildcats (Felis silvestris silvestris) in eastern France distinct from sympatric feral domestic cats? Biodiversity and Conservation 18: 2351-2360.
[67] Hellard E., Fouchet D., Santin-Janin H., Tarin B., Badol V., Coupier C., Leblanc G., Poulet H., Pontier D. When cats' ways of life interact with their viruses: a study in 15 natural populations of owned and unowned cats (Felis silvestris catus). Prev. Vet. Med.
[68] Eurochats, « La gestation et la mise à bas (http://www.eurochats.com/dossiers/2003-03/index.php) » sur http://www.eurochats. com", Eurochats.*Consulté le 22 novembre 2008.*
[69] N. Magno, Le langage du chat, De Vecchi, avril 2007, « Le comportement envers les petits ».
[70] Pam Johnson-Benett, Comment penser chat, Petite bibliothèque Payot, février 2006, 557 p., « Que faire quand votre chatte a des petits », p. 389.
[71] *Le Traité Rustica du chat, op. cit.*, « Chapitre 13 : la reproduction ».
[72] Voir le rapport d'expertise de la Commission nationale de pharmacovigilance vétérinaire **[PDF]** (http://www.anmv.afssa.fr/pharmacovigilance/ANMV-CNPV-038-03-Final.pdf).
[73] Christiane Sacase, *op. cit.*, « La santé du chat », p. 79-98.
[74] École nationale vétérinaire de Lyon, « Maladie Polykystique du Chat Persan (http://www2.vet-lyon.fr/ens/imagerie/UC/MPR.html) » sur http://www2.vet-lyon.fr", *École nationale vétérinaire de Lyon. Consulté le 23 novembre 2008.*
[75] Docteur Vétérinaire F. Perez-Rey, « L'amyloïdose (http://www.abyssin-somali.com/pages/veto/amyl/accueil.php) » sur http://www.abyssin-somali.com/", Association *des amis des chats abyssins et somalis. Consulté le 23 novembre 2008.*
[76] Franc, M. 2006. Les puces du chien et du chat. *Insectes*, n° 143, p. 11-13.
[77] Le livre Guinness des records 2007 [« *Guinness book* »], Guinness Éditions, 2007.
[78] Passeport européen, « Déplacements de carnivores domestiques de compagnie » lire la réglementation (http://dossiers.leplidusoleil.info/dossiers/deplacementpasseport.htm).
[79] Convention européenne pour la protection des animaux de compagnie (http://www.admin.ch/ch/f/rs/c0_456.html). Consulté le 26 septembre 2008.
[80] Selon la loi du service publique fédéral de la santé publique, sécurité de la chaîne alimentaire et environnement Chapitre IV **[PDF]** (https://portal.health.fgov.be/pls/portal/docs/PAGE/INTERNET_PG/HOMEPAGE_MENU/DIERENENPLANTEN1_MENU/DIERENHOUDENKWEKEN1_MENU/DIERENKWEKEN1_MENU/GEZELSCHAPSDIEREN1_MENU/GEZELSCHAPSDIEREN1_DOCS/06_07_2007_ED1_0.PDF). Site consulté le 24 novembre 2008.
[81] Voyager avec son animal (http://www.routard.com/guide_dossier/id_dp/34/num_page/6.htm) sur le site du Guide du Routard (http://www.routard.com), consulté en août 2010
[82] Selon le code rural nouveau, article L214-8, modifié par LOI n° 2008-582 du 20 juin 2008 - art. 11 (http://www.legifrance.gouv.fr/rechCodeArticle.do?reprise=true&page=1). Site consulté le 24 novembre 2008.
[83] article L211-23 du code rural (http://www.legifrance.gouv.fr/WAspad/UnArticleDeCode?code=CRURALNL.rcv&art=L211-23).
[84] L211-22 du code rural (http://www.legifrance.gouv.fr/WAspad/UnArticleDeCode?code=CRURALNL.rcv&art=L211-22).
[85] L211-25 du code rural (http://www.legifrance.gouv.fr/WAspad/UnArticleDeCode?code=CRURALNL.rcv&art=L211-25).
[86] Article 80 de l'ordonnance du 23 avril 2008 sur la protection des animaux (OPAn), entrée en vigueur le 1er septembre 2008 .
[87] **(la)**Carl von Linné, *Systema naturae per regna tria naturae, secundum classes, ordines, genera, species, cum characteribus, differentiis, synonymis, locis*, tome 1, disponible (http://gallica.bnf.fr/ark:/12148/bpt6k99004c/f62.chemindefer) sur Gallica.
[88] Stephen O'Brien et Warren Johnson, « L'évolution des chats », dans *Pour la science*, n° 366, Avril 2008 (ISSN 0 153-4092 (http://worldcat.org/issn/0+153-4092&lang=fr)) basée sur **(en)**W. Johnson et al., « *The late Miocene radiation of modern felidae : a genetic assessment* », dans *Science*, n° 311, 2006 et **(en)**C. Driscoll et al., « *The near eastern origin of cat domestication* », dans *Science*, n° 317, 2007 [texte intégral (http://www.mobot.org/plantscience/resbot/repr/add/domesticcat_driscoll2007.pdf) **[PDF]**].
[89] CNRS, « Un chat apprivoisé à Chypre, plus de 7000 ans avant J.-C. (http://www2.cnrs.fr/presse/communique/454.htm) » sur http://www2.cnrs.fr", Site *du CNRS, avril 2004. Mis en ligne le 9 avril 2004, consulté le 14 novembre 2008.*
[90] C. Driscoll, J. Clutton-Brock, A. Kitchener, S. O'Brien, *Les premiers chats apprivoisés*, Pour la Science, **384** (octobre 2009), 64-70.
[91] Rémy Marion (dir.), Cécile Callou, Julie Delfour, Andy Jennings, Catherine Marion et Géraldine Véron, Larousse des félins, Paris, Larousse, septembre 2005, 224 p. (ISBN 2-03-560453-2 et 978-2035604538) (OCLC 179897108 (http://worldcat.org/oclc/179897108&lang=fr)), « Chat sauvage *Felis silvestris* », p. 93.

[92] Peter Jackson et Adrienne Farrell Jackson (trad. Danièle Devitre), Les félins : toutes les espèces du monde, Delachaux et Niestlé, coll. « La bibliothèque du naturaliste », octobre 1996, 272 p. (ISBN 2-603-01019-0), « Jaguarondi », p. 229.
[93] Christiane Sacase, Les chats, Solar, coll. « Guide vert », février 1994, 256 p. (ISBN 2-263-00073-9).
[94] Que l'on nomme *ailouros* (« qui remue la queue »), puis à partir du IIe siècle av. J.-C., *katoikidios* (« domestique »).
[95] Bruce Fogle (trad. Sophie Léger), Les chats [« Cats »], Gründ, coll. « Le spécialiste », août 2007, 320 p. (ISBN 978-2-7000-1637-6), p. 47.
[96] DR Rousselet-Blanc, Le chat, Larousse, 1992, 11 p. (ISBN 2035174023), « Le chat hier et aujourd'hui ».
[97] Parfois sept.
[98] L. Bobis, *Une histoire du chat*, point-seuil, Paris, 2006, p. 65, 181
[99] L. Bobis, *Une histoire du chat*, point-seuil, Paris, 2006, p. 47-55, 65, 125
[100] L. Bobis, *Une histoire du chat*, point-seuil, Paris, 2006, p. 71-77
[101] Amédée Pichot, *Charles-Quint : chronique de sa vie intérieure et de sa vie politique de son abdication et sa retraite dans le cloître de Yuste*, Paris, 1854, p. 271.
[102] Joseph Marie Quérard, La France littéraire, Firmin Didot père et fils, 1834 , p. 196.
[103] Chats noirs, notamment utilisés dans le logo de la Confédération nationale du travail.
[104] Bruce Fogle (trad. Sophie Léger), Les chats, Gründ, coll. « Le spécialiste », août 2007, 320 p. (ISBN 978-2-7000-1637-6), p. 50-51.
[105] Stéphane Frattini, Copain des chats, Éditions Milan, 1997, 213 p. (ISBN 2-84113-423-7), « La terreur féline », p. 36-37.
[106] Béatrice Bottet, Encyclopédie du fantastique et de l'étrange, vol. 1 : *Fées et dragons*, Casterman, novembre 2003, 96 p. (ISBN 2-203-13133-0), « Les animaux fantastiques ».
[107] Pierre Ripert, Dictionnaire du diable, des démons et sorciers, Maxi-poche, coll. « Références », octobre 2003, 283 p. (ISBN 2743432829), p. 64.
[108] Le pastel de la *Fillette au chat* se trouve à la National Gallery de Londres. *La Petite Fille au chat*, pastel également connu sous le nom de *Portrait de Mlle Huquier*, est à Paris, au musée du Louvre. Enfin, le *Portrait de Magdaleine Pinceloup de La Grange* appartient au Getty Center, à Los Angeles. Dans ces trois œuvres, Perronneau place le chat en bas à gauche du tableau, mais au premier plan.
[109] *Tous les chats - All the cats - Todos los gatos*, éditions Lelivredart (ISBN 978-2-35532-054-5).
[110] Nelly Delay : *L'Estampe japonaise*. Éditions Hazan (ISBN 978-2-85025-807-7), page 55.
[111] Josy Marty-Dufaut, Les Animaux du Moyen Âge réels et mythiques, Éditions Autres Temps, coll. « Temps mémoire », 3 mars 2005 (ISBN 2845211651 et 978-2845211650), « Chat », p. 99-105.
[112] disponible (http://gallica2.bnf.fr/ark:/12148/bpt6k1079892) sur Gallica.
[113] Christiane Sacase, *op. cit.*, « Les origines du chat », p. 7-16.
[114] *Le Vieux Chat et la Jeune Souris* sur Wikisources.
[115] *Le Chat et un vieux Rat, Conseil tenu par les rats* sur Wikisources.
[116] *Le Singe et le Chat, Le Chat et le Renard* sur Wikisources.
[117] *Le Maître chat ou le Chat botté* sur Wikisources.
[118] *The Trustees of Indiana University*, « *Can You Judge the Sheet Music By Its Cover?* (http://www.indiana.edu/~library/sources/spring2008/story1a.html) » sur http://www.indiana.edu/, Université *de l'Indiana. Consulté le 5 décembre 2008.*
[119] Cité par Marie-Françoise Bourdot, dans son étude Les chats et la musique (http://perso.orange.fr/symphonique.chorale/documents/N20/chatmusiq.htm).
[120] Livret Edward Bond, d'après une nouvelle d'Honoré de Balzac.
[121] **(en)** Heather Busch et Burton Silver (http://en.wikipedia.org/wiki/Burton_Silver), Why cats paint - A Theory of Feline Aesthetics, Ten Speed Press, 1994 (ISBN 0-89815-612-2).
[122] **(en)***Why paint cats* (http://www.whypaintcats.com/) hilarant.
[123] Voir l'article *Why Paint Cats* sur la Wikipédia anglophone.
[124] Heather Busch et Burton Silver, Danse avec les chats, Seuil Chronicle, 1999 (ISBN 0-811826-938-9).
[125] **(de)(en)** Le chat Fritz (http://katz23.de/).
[126] **(en)** Le chat Cooper (http://www.photographercat.com/).
[127] La vente de fourrure de chat et de chien interdite (http://www.lemonde.fr/cgi-bin/ACHATS/acheter.cgi?offre=ARCHIVES&type_item=ART_ARCH_30J&objet_id=994081&clef=ARC-TRK-D_01) sur *Le Monde*, 17 juin 2007.
[128] Règlement (CE) n° 1523/2007 du Parlement européen et du Conseil du 11 décembre 2007 (http://europa.eu/scadplus/leg/fr/lvb/f82004.htm).
[129] Propositions européennes sur le commerce de la fourrure (http://www.eicluxembourg.lu/index.php?type=art&id=203).
[130] **(en)** Le commerce scandaleux de la fourrure de chiens et de chats en Chine (http://www.peta.org.uk/feat/dogcatfuruk.asp). Consulté le 29 janvier 2009.
[131] La Communauté justifie donc en pratique son action par les distorsions de concurrence générées par les interdictions déjà existantes dans certains pays européens à l'encontre du commerce des fourrures de chats et de chiens.
[132] Évaluation Euromonitor International pour 2003 (http://www.protegez-vous.ca/loisirs-et-famille/dossier-nourriture-pour-animaux.html).
[133] **(en) [PDF]** (http://www.productcenter.msu.edu/documents/Working/1-12031.pdf).
[134] **(en)** Marché américain des *petfoods* (http://www.mindbranch.com/listing/product/R567-0062.html).

[135] Marché français des aliments pour chats et chiens [PDF] (http://www.mondadoripub.fr/Mondadori_GALLERY_CONTENT//DOCUMENTS/MarketingService/Marche/Petfoods.pdf).

[136] (en) Segmentation du marché des dépenses de santé et divers, pour animaux de compagnie (http://www.the-infoshop.com/study/pf18423_pet_care_services_toc.html), publié en mai 2004.

[137] *Animal sitting*, comme on dit *baby sitting*. Dans le cas des animaux de compagnie, ceci comprend non seulement la surveillance et les soins à l'animal en l'absence de ses propriétaires, mais aussi la promenade de l'animal.

[138] Chiffres disponibles à titre gratuit, et non à titre onéreux (en 2009).

[139] (en) Dépenses de santé pour animaux de compagnie aux USA en 2007 (http://www.marketwire.com/press-release/ReportlinkerCom-908720.html), publié en janvier 2008 (ReportLinker.com), republié le 9 octobre 2008 par Marketwike.

[140] (en) Part des USA dans le marché mondial des produits de santé pour animaux de compagnie (http://pubs.acs.org/cen/business/85/8526bus2.html), publié le 25 juillet 2007.

[141] (en) Du Prozac pour les chats (http://www.npr.org/templates/story/story.php?storyId=92442974), publié le 11 juillet 2008.

[142] (en) Assurances pour animaux de compagnie (http://www.packagedfacts.com/sitemap/product.asp?productid=1087710), publié le 1er novembre 2005.

[143] (en) Marché de l'assurance pour les animaux de compagnie aux USA (http://www.packagedfacts.com/sitemap/product.asp?productid=888572), publié le 1er août 2003.

Références

 La version du 29 janvier 2009 de cet article a été reconnue comme « **bon article** », c'est-à-dire qu'elle répond à des critères de qualité concernant le style, la clarté, la pertinence, la citation des sources et l'illustration.

Chat_de_gouttière

Un **chat de gouttière**, aussi appelé **chat de maison**, est un chat qui n'a pas de race précise certifiée et peut être un croisement. Il est souvent confondu avec le chat de race européen, du fait qu'il existe dans de nombreux pays d'Europe des chats dont on ne connaît pas la parenté – donc la pureté de la race – et qui présentent toutes les caractéristiques (morphologie, caractère, santé, etc.) de la race européenne.

Un chat de gouttière, à la robe « Tabby » (pelage rayé ou tacheté) typique du chat sauvage

Étymologie

Les chats aiment se promener sur les hauteurs. Il n'est pas rare que des chats se promènent, se rencontrent, voire copulent dans les gouttières des maisons. Les chatons nés de ces rencontres, dont on ne connaît pas le père, ont pris le nom de chat de gouttière.

Par extension on appelle chat de gouttière tout chat dont on ne connaît pas avec certitude les ascendants et donc, dont on ne peut garantir qu'ils ne sont pas un croisement de deux **races** différentes de chat.

Origines

Les origines du chat de gouttière sont celles du chat domestique de façon générale.

On ne connaît pas de façon certaine l'origine du chat domestique actuel, mais il est probablement le fruit de croisement entre le chat orné asiatique, le chat sauvage africain puis le chat sauvage européen.

Le nom « chat de gouttière » était utilisé par les parisiens pour désigner les chats errants se promenant sur les toits.

Aujourd'hui, en France, la grande majorité des foyers ayant des chats possèdent des chats de gouttière.

Ils sont également autorisés à participer aux expositions sous conditions. Il faut qu'ils soient neutrés (Stérilisation ou castration) et enregistrés auprès d'une association.

Standards

Aucun standard n'existe pour le chat de gouttière puisqu'il n'est pas une race et donc n'a aucune caractéristique physique particulière. Toutes les tailles, robes, couleur et variétés existent. La robe typique reste celle du chat sauvage européen, c'est-à-dire *mackerel tabby*.

Chatte de gouttière écaille de tortue à poils mi-longs

On peut toutefois dire que grâce à la sélection naturelle, le chat de gouttière est un chat relativement robuste et bon chasseur.

Caractère

Il n'existe pas non plus de caractère commun aux chats de gouttière. Il est principalement influencé par les conditions de vie, d'éducation et de sevrage.

Races apparentées

Toutes les races descendent des chats de gouttière, dont on a reproduit les sujets ayant des particularités physiques (mutations génétiques spontanées, physique sortant du lot, couleur originale). Certaines plus directement que d'autres, car par la suite les nouvelles races ont été croisées avec d'autres et les ont éloignées du type d'origine.

Encore très proches du chat de gouttière on trouve :

- l'european shorthair
- l'american shorthair
- le british shorthair

La race « Européen »

L'européen, maintenant european shorthair est systématiquement confondu avec le chat de gouttière, du fait qu'il existe en Europe de nombreux chats de gouttière qui ont toutes les caractéristiques (morphologie, caractère, santé) de cette race[11]. Le terme « européen » est devenu dans le langage courant un synonyme de « chat de gouttière » ou « chat de maison »[2].

L'european shorthair, comme ce sujet présenté en exposition féline est confondu avec un simple chat de gouttière.

Dans l'art

On peut trouver des chats de gouttière sur de nombreux tableaux et notamment sur ceux de célèbres peintres français. L'affiche dessinée pour le cabaret parisien *Le Chat noir* par Théophile Alexandre Steinlen est peut-être la plus connue. Ce dernier a également peint les chats dans d'autres tableaux.

On peut également apercevoir un chat noir sur le tableau *Olympia* d'Édouard Manet dont on peut supposer qu'il s'agit d'un chat de gouttière, beaucoup plus présent à cette époque que le chat de race.

Affiche du cabaret *Le Chat noir*.

Galerie

Chat à la robe sauvage

Chatte sur l'île de Santorin

Chatte tricolore

Chat blanc solide

Chaton noir bicolore   Chat noir solide   Chatte sur un poteau   Chat roux tabby bicolore

Notes et références

[1] **(fr)** European shorthair (http://www.loof.asso.fr/download/f_races/fiche_race_europeanshorthair.pdf) sur (http://www.loof.asso.fr/), Livre officiel des origines félines. Consulté le 19 janvier 2012

[2] **(fr)** Anne Gérardin, L'élevage félin en France au travers des statistiques du LOOF, École nationale vétérinaire d'Alfort, 2011

Annexes

Articles connexes

- Liste des races de chats

Élevage_félin

Portée de Sacrés de Birmanie dans un élevage.

Élevage félin
Sous-article d'un taxon biologique
Article principal :
• Nom : Chat domestique • Nom scientifique : *Felis silvestris catus*
Sous-articles

• Robes des chats
   • Catégorie:Robe de chat
• Races de chats
  • Liste des races de chats

> **Listes et catégories dépendantes**
> - Élevage félin
>   - Articles détaillés sur l'élevage des chats
>   - Articles détaillés sur la santé des chats
>   - Articles détaillés sur les associations, etc.
> - Autres articles détaillés sur les chats

L'**élevage félin** est l'ensemble des opérations visant à reproduire le chat domestique au profit de l'activité humaine. L'élevage n'est pratiqué qu'avec des chats de race, vendus comme animaux de compagnie ou de reproduction chez d'autres éleveurs.

Historique

Contrairement aux autres animaux domestiques, l'élevage des félins est un phénomène récent. En effet, le chat, malgré son rôle d'éradicateur de nuisibles, n'a pas été sélectionné pour améliorer une caractéristique : la tendance était de laisser la nature faire. De plus, le chat a longtemps souffert d'une légende noire (animal des sorcières) et du désintérêt de l'homme pour cet animal[1]. L'élevage félin commence réellement qu'à partir du XIXe siècle, où le chat devient « à la mode » et où les premières races comme le persan ou l'Angora turc commencent à se répandre dans les milieux aisés[2].

Les expositions et les concours ont joué un rôle important dans le développement des races. La première exposition féline moderne fut organisée au Crystal Palace de Londres en 1871[3] par Harrison Weir[4]. Plus de 170 chats y étaient réunis, répartis dans les catégories British Shorthair et Persan[3]. Cette exposition marque le début de la définition des standards des races[4]. En France, la première exposition fut organisée par le Cat Club en 1925[3]. Aux États-Unis ce fut celle du Madison Square Garden à New York en 1898 qui rendit populaire les expositions[4].

L'élevage félin est également marqué par l'apparition des premières fédérations dont une des plus anciennes est la britannique Governing Council of the Cat Fancy fondée en 1910 par la fusion du National Cat Club et du Cat Club[4]. Aux États-Unis, c'est la Cat Fancier Association, qui fut fondée en 1899[5]. En Europe continentale, c'est la fédération internationale féline qui est la plus importante, fondée en 1949 à l'initiative du Cat club de Paris, elle regroupe la majeure partie des pays de l'Europe continentale[6].

L'éleveur

Législation

Article connexe : Affixe.

En France, un particulier est considéré comme éleveur, à compter du moment où il fait naître et vend deux portées par an[7]. L'éleveur en France est chaperonné par la Chambre de l'Agriculture[8].

Les associations félines de chaque pays, attribuent les affixes (nom de la chatterie) et tiennent les listes d'éleveurs pour chaque race. Les personnes souhaitant faire de l'élevage doivent s'y déclarer. Les éleveurs travaillent conjointement avec ces associations qui édictent des standards et les pedigrees.

Formation

Il n'existe pas d'école d'élevage félin, cependant, certaines associations réalisent des séminaires ou des formations à l'élevage du chat[9]. Au Canada, le club félin Laurentides-Lanaudière recommande le parrainage d'un éleveur plus expérimenté afin d'éviter les plus grosses erreurs d'élevage (propagation de maladie héréditaire par exemple)[10].

Rémunération

L'élevage félin reste toutefois un hobby ou une passion plus qu'un métier car il est rare de pouvoir en vivre. De très nombreux éleveurs ne font aucun bénéfice sur les ventes des chatons[11].

Sélection

Conformité au standard

Un éleveur tend à ce que ses chats se rapprochent le plus possible du standard de la race qu'il élève. Suivant que le chat est plus ou moins bien typé, il est vendu soit pour la compagnie uniquement et ne peut pas être reproduit (sujet avec des défauts de couleurs, des tâches placées à des endroits inappropriés, etc.), soit comme reproducteur ou chat d'exposition. Ce sont là des chats tout à fait conformes.

Maladie génétique

Cette section est vide, insuffisamment détaillée ou incomplète. Votre aide [12] est la bienvenue !

L'éleveur fait également tous les tests médicaux nécessaires à la garantie de la santé des chats et pour éviter ainsi qu'une maladie génétique se propage parmi les sujets de la race.

La génétique des couleurs

Cette section est vide, insuffisamment détaillée ou incomplète. Votre aide [12] est la bienvenue !

Le chat de race est élevé pour avoir une certaine apparence. Les critères de couleur ou de longueur et texture du poil sont déterminants dans l'élevage félin[9].

Installations

Article connexe : Chatterie.

Les plus petits élevages sont des élevages familiaux où les chats ne disposent pas d'installations particulières. Ce type d'élevage amateur est prédominants en France[9]. L'élevage professionnel nécessite l'ouverture d'une chatterie, où les nombreux chats disposent d'un bâtiment adapté avec aire de jeu, de repos ou de toilette, de box communs et individuels[9].

Notes et références

[1] (fr) Laurence Bobis avec Jean-Yves Durand, « Victime d'une légende noire », dans *GEO*, n° HS 13, 2004, p. 108-119
[2] (fr) Christiane Sacase, Les Chats, Solar, coll. « Guide vert », février 1994, 256 p. (ISBN 2-263-00073-9), « L'histoire du chat domestique »
[3] (fr) DR Rousselet-Blanc, Le chat, Larousse, 1992, 256 p. (ISBN 2-03-517402-3), « Le chat hier et aujourd'hui »
[4] (fr) Paul-Henry Carlier, Les chats, Nathan, 1983, 108 p. (ISBN 2-09-284243-9), « Les expositions »
[5] (fr) Paul-Henry Carlier, Les chats, Nathan, 1983, 111 p. (ISBN 2-09-284243-9), « Les expositions »
[6] (fr) Paul-Henry Carlier, Les chats, Nathan, 1983, 112 p. (ISBN 2-09-284243-9), « Les expositions »
[7] Selon l'article L214-6 du Code Rural nouveau, alinéa III (http://www.legifrance.gouv.fr/affichCodeArticle.do?cidTexte=LEGITEXT000006071367&idArticle=LEGIARTI000006583113&dateTexte=&categorieLien=cid) "On entend par élevage de chiens ou de chats l'activité consistant à détenir des femelles reproductrices et donnant lieu à la vente d'au moins deux portées d'animaux par an"
[8] (fr) Le statut de l'éleveur (http://www.loof.asso.fr/eleveurs/statut.php)
[9] Christiane Sacase, *op. cit.*, « Devenir éleveur »
[10] (fr) Vous voulez devenir éleveur ? Avant d'aller plus loin... (http://www.clubfelinll.ca/index-3.html), Club félin Laurentides-Lanaudière. Consulté le 6 mars 2011
[11] Exemple chiffré sur le site de l'AFAS-Siamois (http://www.afas-siamois.com/elevage_cout_chaton.htm)

Articles connexes

- Chatterie
- Associations félines
- Certificat d'Etudes Techniques de l'Animal de Compagnie option « chat » : cours à l'attention des éleveurs et futurs éleveurs félins, l'examen final peut permettre l'obtention du certificat de capacité, obligatoire pour les personnes vendant plus d'une portée par an (en France).

Bibliographie

- Bernard-Marie Paragon, Guide pratique de l'élevage félin, Aniwa SAS, 2003, 296 p. (ISBN 978-2-7476-0071-2)
- Élise Malandain, L'élevage félin en France : étude bibliographique et personnelle, 1999, 237 p.

Exposition_féline

Une **exposition féline** est un concours de beauté durant lequel éleveurs et particuliers viennent soumettre leurs chats aux critiques d'un jury.

Les expositions félines sont ouvertes à tous les éleveurs et exposants non professionnels possédant un chat de race ou un chat de gouttière.

Déroulement d'une exposition traditionnelle

La journée commence toujours par un contrôle vétérinaire stricte de tous les chats inscrits. Les vaccins doivent être en règle, le chat en bonne santé, sans parasites et il doit être identifié au moyen d'un tatouage ou d'une puce électronique. Les copies de tous les documents officiels tel que le pedigree peut être demandé.

Alignement de cages lors d'une exposition féline en Pologne

Les exposants rejoignent alors la ou les cages qui leur ont été attribuées. Généralement les cages sont décorées par les exposants avec des tissus, rideaux, coussins de couleur assortie ou suivant le thème de l'exposition. La cage doit être aménagée pour le confort du chat avec une litière, de l'eau et de la nourriture à disposition et un endroit où dormir.

Durant la journée, les chats passent devant un jury qui les examine et les compare au standard et note ses remarques sur une feuille d'évaluation. Afin de mieux juger les chats, ils sont classés par catégorie (poils courts, mi-longs ou longs), race, classe (3/6 mois, 6/10 mois, puis selon le rang de champion qu'ils ont), sexe, puis couleur. Pour exemple, toutes les femelles Ragdolls (sexe femelle, catégorie mi-longs, race Ragdoll), de 6 à 10 mois (classe) et de couleur seal mitted seront présentées une à une au jury et comparées entre elles. La meilleure recevra un CAC "Certificat d'aptitude au championnat" permettant d'obtenir des titres, les suivantes un Excellent 2, puis Excellent 3, etc., mais n'auront pas de CAC. Il en va ainsi de suite avec tous les chats présents. Les chats concourant dans des classes plus élevées se voient remettre non des CAC, mais des CACIB "Certificat d'aptitude de champion international", des CAGCIB "Certificat d'aptitude de grand champion international", etc. Les chats stérilisés ou castrés (neutrés) sont jugés séparément et ont droit à des titres de la même valeur mais étant nommés autrement. Le titre de "Champion" se nomme "Premior", le titre de "Champion international" se nomme "Premior international", etc.

À la fin de la journée, les "Bests" sont remis, ainsi que les différents prix (il s'agit toujours de cadeaux tels que croquettes, brocarde, etc., et non de prix en espèces).

Les catégories

Il existe trois catégories :
- Poils longs : Persan
- Poils mi-longs : Sacré de Birmanie, Ragdoll, Norvégiens, Maine Coon, ...
- Poils courts : Abyssin, Siamois, Devon Rex, ...

Les classes

- Classe 3/6 mois : chaton, pas de titre
- Classe 6/10 mois : chaton, pas de titre
- Classe CAC : Champion
- Classe CAP : Premior (pour les neutrés)
- Classe CACIB : Champion International
- Classe CAPIB : Premior International (pour les neutrés)
- Classe CAGCIB : Grand Champion International
- Classe CAGPIB : Grand Premior International (pour les neutrés)
- Classe CACE : Champion d'Europe
- Classe CAPE : Premior d'Europe (pour les neutrés)
- Classe CAGCE : Grand Champion d'Europe
- Classe CAGPE : Grand Premior d'Europe (pour les neutrés)
- Classe d'Honneur : après le Grand Champion d'Europe
- Classe chat de maison : chat sans pedigree (obligatoirement neutrés)

Deux Norvégiens dans une cage lors d'une exposition

Les titres

Différents titres sont remis lors des expositions

Les titres traditionnels

- Champion* ou Premior** :

Il faut obtenir trois CAC ou CAP par au moins deux juges différents.

- Champion International ou Premior International :

Il faut obtenir trois CACIB ou CABIP dont un à l'étranger par trois juges différents.

- Grand Champion International ou Grand Premior International :

Il faut obtenir quatre CAGCI ou CAGPI dont un à l'étranger, avec au moins trois juges différents.

- Champion d'Europe ou Premior d'Europe :

Il faut obtenir cinq CACE ou CAPE dont deux à l'étranger, avec au moins trois juges différents.

- Grand Champion d'Europe ou Grand Premior d'Europe :

Il faut obtenir cinq CAGCE ou CAGPE dont trois à l'étranger dans deux pays différents, avec cinq juges différents.

[Important]: Le Cursus national a été mis en place au 1er janvier 2007 afin d'améliorer les conditions d'obtention en France des différents titres. En effet, bon nombre d'éleveurs ne peuvent se rendre à l'étranger pour obtenir des Certificats d'Aptitude internationaux ou européens, bien que les chats méritent, par leurs qualités, d'atteindre ces différents stades de jugement.

Les qualités d'un chat étant indépendantes du lieu où il se trouve, il n'y avait aucune raison pour qu'il soit bloqué dans son cursus du fait qu'il reste en France. Cependant les titres dénommés : d'Europe, International etc. ne pouvant plus par définition être employés, on les remplace par les dénominations suivantes : double champion* ou double premior** (équivalence de champion international ou premior international), triple champion ou triple premior (équivalence : grand champion international ou grand premior international), quadruple champion ou quadruple premior (équivalence : champion d'Europe ou premior d'Europe) et suprême champion ou suprême premior (équivalence de grand champion d'Europe ou grand premior d'Europe). Pour l'obtention des certificats de capacité le même barème de points est appliqué et pour l'obtention des équivalence des titres le même nombre de certificats est demandé (seule différence : tous sont obtenus en France).

L'exposant présente son chat de la même manière au juge qui ne se préoccupe pas de son cursus, il juge seulement le chat dans la classe inscrite sur le carton de jugement.

Seuls les chats de race avec pedigree peuvent prétendre à un titre. Les chats "de maison" ne peuvent que prétendre à acquérir un best "chat de maison".

* le terme de champion est employé pour les chats entiers ; ** le terme de premior est lui employé pour les chats neutrés

Les Bests

Viennent ensuite les "Bests". Durant les jugements, les juges peuvent attribuer à des chats particulièrement beaux des titres spéciaux appelés "Best". Cependant, ce n'est pas une obligation et si le juge ne trouve aucun chat satisfaisant, ces prix ne seront pas remis.

- Best variété

Il désigne le meilleur chat de sa couleur, toutes classes confondues, dans sa race.

- Best in show

Il désigne le meilleur chat dans sa catégorie, par classe et par sexe. Par exemple, tous les mâles adultes à poils courts seront à nouveau présentés ensemble aux juges qui voteront à bulletins secrets, tous les chatons femelles de 6 à 10 mois ensemble, etc. Celui qui obtiendra le maximum de votes du jury sera déclaré Best in show.

Grande exposition à Coblence, en Allemagne

Il existe donc trois catégories de Best in Show : un pour les chats à poils courts, un pour les poils mi-longs, un pour les poils longs.

- Best of best

Il désigne le meilleur chat de tous les Best in show dans leur catégorie. Tous les chats qui ont obtenu un Best in show concourent pour ce titre dans les catégories "Best in show 3-6 mois", 6-10 mois", "femelles adultes", "mâles adultes, "femelle neutrée", etc. Les votes se font à bulletins secrets.

Là aussi il existe trois catégories de Best of best : un pour les chats à poils courts, un pour les poils mi-longs, un pour les longs

- Best suprême

Il désigne le meilleur chat des trois Best of Best. Le jury vote à bulletins secrets pour un des trois chats présenté. Il faut savoir que selon les expositions parfois le suprême n'est attribué que le Dimanche, le best suprême désignera alors le meilleur chat de toute l'exposition, désigné parmi les best of best sur les deux jours.

- Suprême des suprêmes

Il désigne le meilleur Best suprême lorsqu'une exposition dure deux jours. Chaque jour un Best suprême peut être attribué et à la fin des deux jours d'exposition, les deux chats ayant reçu le titre de Best suprême sont présentés aux juges qui votent pour le meilleur des deux. Le suprême des suprêmes n'est pas toujours attribué (en effet si le best suprême désigne le plus beau chat du week-end, aucun suprême des suprêmes ne sera délivré)

Déroulement d'une exposition TICA

Quatre Singapura en attente de jugement

La journée commence par un contrôle vétérinaire. Ils doivent être en bonne santé, à jour de vaccins, sans parasites et le bout des griffes épointées. Les exposants se rendent ensuite à la cage qui leur a été attribuée. Généralement ils la décorent avec des tissus, rideaux, coussins de couleur assortie ou suivant le thème de l'exposition. La cage doit être aménagée pour le confort du chat avec une litière, de l'eau et de la nourriture à disposition et un endroit où dormir.

Durant la journée les chats sont examinés par un jury. À la différence des expositions traditionnelles, les expositions TICA se déroulent sur des rings dont le nombre peut être variable suivant l'exposition. Chaque chat est appelé sur un ring (il doit passer sur tous les rings durant la journée). Il doit être déposé dans une cage simple. Le juge ne connait ainsi ni le nom du chat ou de son propriétaire ni son statut de champion. Les chats sont sortis des cages un à un et examinés par les juges sur une table, face au public. Les chats sont appelés en fonction de leur race ou de leur division (robe unie, bicolore, particolore), de leur couleur et du patron de la robe (mitted, blotched, mackerel). Cela permet par exemple à des chats qui ne concourent jamais ensemble dans des expositions traditionnelles d'être confrontés l'un à l'autre. Par exemple un Maine Coon et un Oriental, tous les deux avec une robe brown mackerel tabby seront jugés sur le même ring.

Lorsque tous les chats du ring sont jugés, des rubans sont attribués pour donner les points au meilleur de sa couleur ou de sa division :

Pour noter les couleurs les rubans sont les suivants :

- bleu pour le 1er de couleur et 25 points
- rouge pour le 2e de couleur et 20 points
- jaune pour le 3e de couleur et 15 points
- vert pour le 4e de couleur, 10 points
- blanc pour le 5e de couleur, 5 points

Pour noter les divisions les rubans sont les suivants :

- noir pour le 1er de division et 25 points supplémentaires
- violet pour le 2e et 20 points supplémentaires
- orange pour le 3e et 15 points supplémentaires

Arrive ensuite la finale. Un juge annonce au micro la finale dont il s'agit (par exemple "Finale chatons". Les participants doivent aller voir sur les listes affichées si leur chat est sélectionné dans cette finale. Il existe deux types de finale : la Allbreed qui juge en même temps chatons poils longs, mi-longs et courts, femelles poils longs mi-longs et courts, etc. et la Speciality qui différencie les chats à poils longs, mi-longs et courts.

Les titres

Les points sont cumulés d'expositions en expositions pour obtenir les titres de "Champion", "Champion Alter" et "Master".

Les Bests

Des prix spéciaux sont attribués en plus des points et des différents titres de champions :

- Best of Color (BOC)

Le juge choisi d'attribuer de 1 à 5 "Best of Color". Par exemple, sur sept Orientaux noirs, le juge attribuera aux cinq meilleurs le titre de Best of Color

- Best of Division (BOD)

Les chats ayant obtenu un Best of Colour concourent pour le Best of Division, qui juge selon la division (uni, bicolor, particolor) du chat. Par exemple, les cinq Orientaux noirs ayant obtenu leur BOC seront mis en compétition dans la division "unie" contre d'autres Orientaux unis mais d'une autre couleur (blanc, bleu, ...) ayant également obtenu leur BOC. Il y a le meilleur, puis la deuxième et troisième place.

- Best of Breed (BOB)

Les chats sont jugés par race, indépendamment de la couleur, du dessin de la robe, etc. Il y a également trois places.

Un Maine Coon dans sa cage lors d'une exposition

Notes et références

Voir aussi

Articles connexes

- LOOF
- TICA
- Liste des races de chats
- Liste des associations félines
- Standard

Liens externes

- (fr) Le site du LOOF (http://loof.asso.fr/loof/racine/)
- (en) Le site de la TICA (http://www.tica.org/)

Sources

- (fr) Participer à une exposition (http://www.centralefeline.be/participer.php)
- (en) Showing Your Cat In TICA (http://www.tica.org/english/cats/shows.php)

http://www.loof-actu.fr/actus/actus_loof.php

Bleu_russe

Bleu Russe	
Bleu russe	
Espèce	Chat (*Felis silvestris catus*)
Région d'origine	
Région	Controversée, viendrait de Russie ou du pourtour méditerranéen.
Caractéristiques	
Silhouette	Allongée, de type médioligne foreign
Poids	Entre 2,5 et 3,5 kg pour la femelle, entre 3,5 et 4,8 kg pour le mâle
Poil	Court et épais
Robe	Bleue, noire ou blanche
Tête	Fine, allongée
Yeux	Grands, de couleur verte
Oreilles	Pointues, très haut placées
Queue	Longue et droite, épaisse à la base pour un bout effilé
Standards	
• Fédérations : LOOF, CFA, ACF, ACFA, TICA, FIFé, WCF	

Le **bleu russe**, également appelée **bleu d'Arkhangelsk** ou **chat maltais** est une race de chat aux origines controversées (Russie ou pourtour méditerranéen). Ce chat est caractérisé par sa robe épaisse et pelucheuse d'une couleur bleue argentée et par ses yeux verts.

Origines

Les origines du bleu russe sont controversées. Une première théorie avance que la race pourrait être originaire du port russe d'Arkhangelsk où elle était appréciée comme animal de compagnie, puis chassée pour sa fourrure chaude, puis avoir été introduite en Angleterre dans les années 1860 par des marins, d'où son surnom de « bleu d'Arkhangelsk », et le nom de bleu russe qui lui est donné aujourd'hui. Une autre hypothèse qui semble plus plausible avance que ces chats pourraient venir du bassin méditerranéen et même peut-être d'Espagne. La race aurait donc des origines communes avec le chartreux, ce qui lui a valu d'être parfois surnommée « chat maltais » ou « chat espagnol bleu ».

En France, le bleu russe fit sa première apparition en 1925 sous le nom de « chat de malte ». C'est cette année-là également que les premiers bleus russes étaient exposés. En 1939, le nom bleu russe fut officialisé et reste à ce jour la seule appellation officielle. Après la Seconde Guerre mondiale, comme d'autres races, il faillit presque disparaitre complètement, mais fut sauvé par les Britanniques et les Scandinaves qui le transformèrent en croisant les sujets restants avec notamment des siamois : la race y perdit son style original, puis revint à un style plus authentique dans les années 1960.

La race reste rare en France, probablement en raison de la forte présence de chartreux et de british shorthair bleus. La concentration la plus importante de bleus russes se trouve dans les pays anglo-saxons.

Standard

Il y a deux « types » de bleus russes. Il y a le type anglais avec un petit museau, des oreilles bien droites, un pelage gris foncé et des yeux émeraudes. Puis le type américain, qui a un pelage légèrement plus clair que le type anglais, des oreilles plus sur le côté du crâne et bien évidemment de magnifiques yeux verts comme son cousin de type anglais.

Dans les deux cas, le corps est long et élégant, l'ossature fine mais les muscles puissants. Les membres sont également longs et fins, proportionnées au corps, avec de petites pattes. La queue est épaisse à la base et va en s'affinant jusqu'à une extrémité effilée.

Les yeux sont en forme de noix, bien ouverts et grands. Ils doivent être du vert le plus intense possible, bien que chez les chatons ils soient encore jaune-vert.

La couleur de sa robe est le bleu, mais il existe aussi des variétés très rares de bleus russes noires et blanches, ainsi qu'une variété à poil mi-long, le Nebelung. Des croisements sont autorisés avec cette dernière race.

Les yeux vert émeraude du bleu russe

Certaines personnes confondent d'ailleurs souvent le bleu russe avec le Chartreux ou le Korat, trois races à la robe bleue.

Caractère

Le bleu russe est souvent décrit comme un chat assez vif et intelligent. On le dit discret, avec un miaulement doux et mélodieux. On dit également qu'il est casanier et méfiant envers les étrangers mais tendre envers son propriétaire. Il serait sociable avec les autres animaux, n'aimerait pas particulièrement le bruit ni les enfants et préfèrerait sa tranquillité, et une vie de famille calme.

Ces traits de caractère sont toutefois parfaitement individuels et fonction de l'histoire de chaque chat. Cette race n'aimant pas du tout la solitude, le bleu russe aime bien quand on s'occupe de lui.

Bleu Russe d'un an

Notes et références

- **(en)** Cet article est partiellement ou en totalité issu de l'article de Wikipédia en anglais intitulé « Russian blue [1] » (voir la liste des auteurs [1])

Voir aussi

Articles connexes

- Chat
- Liste des races de chats
- Nebelung

Liens externes

- **(fr)** Association International de Chat Russe (http://chatsrusse.net)
- **(fr)** Les amoureux du Bleu Russe (http://www.amoureux-felin-russe.com)
- **(fr)** Club français du Bleu Russe (http://bleurusse.net)
- **(fr)** Standard LOOF (http://loof.asso.fr/loof/racine/default.asp?num=783&id=212&art_cat=&show_all=0&archive=0&page=2)
- **(fr)** History of Nebelung (http://amielgoshen.com/nebelung-2/nebelung-history/)
- **(en)** Standard CFA (http://www.cfa.org/breeds.html)
- **(en)** Standard ACF (http://www.acf.asn.au/Standards/Russian.htm)
- **(en)** Standard ACFA (http://www.acfacats.com/russian_blue_standard.htm)
- **(en)** Standard TICA (http://www.ticaeo.com/Content/Publications/Pages/RB.pdf)
- **(en)** Standard FIFé (http://www.fifeweb.org/wp/breeds/breeds_prf_stn.html)
- **(en)** Standard WCF (http://www.wcf-online.de/en/Standard/Shorthair/russian.htm?langOpts=de)
- **(en)** Grey Sky (http://greysky.pl/index_en.php)

Sources

- 70 fiches de race (http://www.royalcanin.fr/index.php?option=com_rcraces&section=chat&Itemid=183&task=fiche&id=304)
- Sous la direction de Patrick Pageat, Le Traité rustica du chat, Paris, Rustica éditions, octobre 2006, 447 p. (ISBN 2-84038-680-1)

Burmese

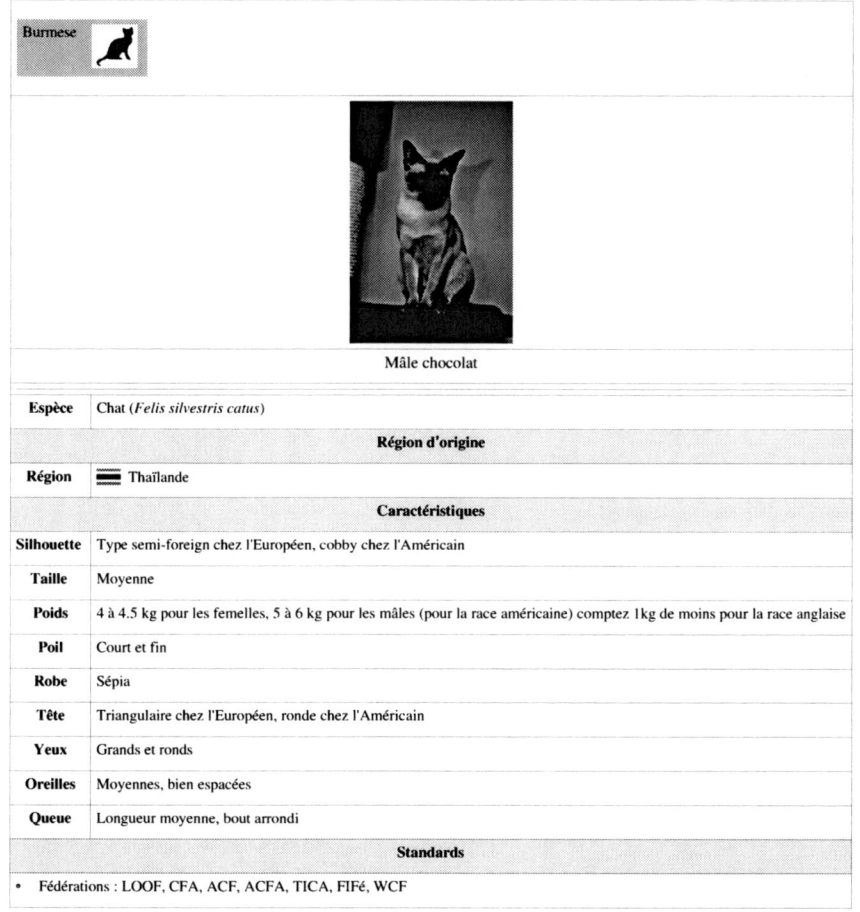

Burmese	
Mâle chocolat	
Espèce	Chat (*Felis silvestris catus*)
Région d'origine	
Région	Thaïlande
Caractéristiques	
Silhouette	Type semi-foreign chez l'Européen, cobby chez l'Américain
Taille	Moyenne
Poids	4 à 4.5 kg pour les femelles, 5 à 6 kg pour les mâles (pour la race américaine) comptez 1kg de moins pour la race anglaise
Poil	Court et fin
Robe	Sépia
Tête	Triangulaire chez l'Européen, ronde chez l'Américain
Yeux	Grands et ronds
Oreilles	Moyennes, bien espacées
Queue	Longueur moyenne, bout arrondi
Standards	
• Fédérations : LOOF, CFA, ACF, ACFA, TICA, FIFé, WCF	

Le **burmese** est une race de chat originaire de Thaïlande. Ce chat de taille moyenne est caractérisé par sa robe à poils courts et au motif sépia.

Il ne doit pas être confondu avec le *Birman*, plus connu sous le nom de *Sacré de Birmanie*.

Historique

Les origines communes

Le *Tamra Meow* ou *Livre de poèmes des chats* est un recueil thaïlandais de vers richement illustré dont la rédaction est située entre 1350 et 1767 et qui décrit dix-sept chats différents, certains portant bonheur et d'autres non[1]. Le manuscrit répertorie et décrit de façon poétique les races de chats existant à cette époque et fait la description du burmese[2]. Il est possible que des burmeses aient concourus en Angleterre au XIXe siècle comme des siamois[3].

En 1930, un marin américain ramène à San Francisco une chatte de Birmanie : Wong-Mau, dont la robe couleur noisette montrait de légères variation dans l'intensité de la couleur, plus forte aux extrémités (pattes, queue, tête) sans toutefois porter le patron à pointes. Wong-Mau est achetée par le docteur Joseph Thomson[2]. Une autre version de l'histoire considère que Joseph Thomson a directement ramené Wong-Mau de Birmanie[3]. Le docteur effectua plusieurs croisements avec des chats d'origine thaïlandaise et notamment un siamois *sealpoint* afin de reproduire la robe de Wong-Mau. La Cat Fancier Association (CFA) reconnaît la race en 1936 sous le nom « burmese » qui signifie « birman » en anglais. Les premiers burmeses sont importés au Royaume-Uni au début des années 1950 et reconnu par le Governing Council of the Cat Fancy (GCCF) en 1952[2].

Le burmese aux États-Unis

Aux États-Unis, le programme d'élevage avec les siamois stoppa à la fin des années 1950, et les éleveurs américains de burmeses considérèrent que leur race n'admettait qu'une seule couleur : le *seal sepia*, aussi appelé sable ou également zibeline en France, c'est-à-dire génétiquement le noir sépia[4]. Dans les années 1970, le type du burmese américain se renforça : le visage s'arrondit, comme les yeux et le front, le corps devient cobby[4]. Jusqu'en 1984, les burmeses bleus, chocolat et lilas sont inscrits dans une races à part par la CFA, les mandalays, tandis que la TICA les reconnaissaient comme burmeses[3].

Le burmese au Royaume-Uni

Les éleveurs britanniques continuent le programme d'élevage avec les siamois plus longtemps qu'en Amérique[4] et développent leur propre type de burmese, plus oriental que le burmese américain et acceptant un plus grand nombre de couleur. La couleur bleue est enregistrée en quelques années. Le roux, le crème et l'écaille-de-tortue - issu d'un croisement accidentel, ces couleurs n'existant pas naturellement chez les burmeses, sont acceptés dans les années 1970[5]. Le burmese anglais est très populaire au Royaume-Uni où il fait partie du top 10 des races les plus appréciées[6].

Les différences entre le burmese type américain et le burmese type anglais deviennent trop importantes et deux races sont à présent reconnue : le burmese anglais et le burmese américain[7].

Standards

Burmese américain

Le burmese américain est plus compact, lourd, que son cousin européen. L'ossature ainsi que la musculature sont robustes et lorsqu'on le porte, le poids peut surprendre par rapport à la taille du chat. Les pattes sont de taille moyenne ainsi que les pieds, qui sont également ronds. La queue est de longueur moyenne avec un bout arrondi.

La tête est de taille moyenne, très arrondie, sans plats. Le front est bombé, le nez marqué d'un stop, le museau large et rond. Les yeux sont ronds également, bien espacés l'un de l'autre, dans des couleurs qui vont du doré au cuivré, avec une préférence pour ce dernier. Les oreilles sont de taille moyenne, bien espacées à leur base avec un bout arrondi. Comme pour les yeux, elles sont placées bien espacées sur la tête et de profil, elles pointent vers l'avant.

Burmese américain.

La fourrure est courte, fine, satinée et doit mettre en valeur la musculature du chat. Tous les burmeses ont un patron sépia, dans les couleurs seal (appelé parfois zibeline ou sable), bleu, chocolat et lila.

Burmese anglais

Le burmese anglais est un chat élégant, de taille moyenne, au corps musclé. Les pattes sont fines mais d'une taille proportionnelle au corps, avec des postérieurs légèrement plus hauts que les antérieurs. Au bout, les pieds sont ovales. La queue n'est que moyennement épaisse à sa base et s'effile vers un bout arrondi.

La tête est de taille moyenne mais assez haute, entre le menton et le haut du crâne. De face elle forme un triangle court qui s'affine vers le museau arrondi. Le haut du crâne est large, bombé et le front arrondi. Le nez est marqué par un stop et se termine droit. Les oreilles, de taille moyenne, sont placées bien espacées sur le crâne. Elles sont larges à la base et s'arrondissent à l'extrémité. De profil, elles pointent vers l'avant. Les yeux sont grands, expressifs et bien espacés l'un de l'autre. Le dessous de l'œil est arrondi, tandis que le dessus est droit et penche légèrement vers le nez. Les couleurs acceptées vont du jaune à l'orange ambre, bien que des yeux dorés aient la préférence. Chez le burmese européen, c'est toutefois l'expression des yeux qui est plus importante que leur couleur.

Burmese anglais

La fourrure est fine est presque sans sous-poils. Elle est brillante et douce au toucher. Elle doit également être bien couchée sur le corps. Le seul patron autorisé est le sépia, dans toutes les couleurs. Les marquages tabby sont acceptés. Les chats ayant du silver ou du silver shaded sont appelés burmilla. Suivant les fédérations, la race a son propre standard ou est jugée sur les critères du burmese ou de l'asian.

Les croisements suivants sont autorisés : asians et siamois (uniquement pour donner des tonkinois)

Caractère

On décrit généralement le burmese comme étant un chat au caractère stable et affectueux (on le surnomme parfois « chat-chien ») et plein d'énergie. Il serait très extraverti, possédant une forte personnalité. Il serait également un joueur infatigable et se montrerait dominant avec les autres chats. On dit qu'il est assez bavard, mais sa voix serait plus douce que celle du siamois. Ces traits de caractère restent toutefois parfaitement individuels et sont fonctions de l'histoire de chaque chat.

Notes et références

[1] **(en)** CFA Breed Article:Korat (http://www.cfainc.org/breeds/profiles/articles/korat.html) sur http://www.cfainc.org/", *Cat Fancier Association*. Consulté le 9 octobre 2010
[2] Christiane Sacase, Les Chats, Solar, coll. « Guide vert », février 1994, 256 p. (ISBN 2-263-00073-9), « Burmese » **(fr)**
[3] **(fr)** Dr Bruce Fogle (trad. Sophie Léger), Les chats, Gründ, coll. « Le spécialiste », août 2007, 320 p. (ISBN 978-2-7000-1637-6), « American burmese », p. 132-133
[4] **(fr)** Bombay et burmese (http://www.loof.asso.fr/races/desc_race.php), Livre officiel des origines félines. Consulté le 4 mars 2011
[5] **(fr)** Dr Bruce Fogle (trad. Sophie Léger), Les chats, Gründ, coll. « Le spécialiste », août 2007, 320 p. (ISBN 978-2-7000-1637-6), « European burmese », p. 134-135
[6] **(en)** Analysis of Breeds Registered by the GCCF © (http://www.gccfcats.org/brdsrg.html), GCCF, 2010. Consulté le 5 mars 2011
[7] **(fr)** Standard LOOF (http://www.loof.asso.fr/download/standards/std_bos_amb.pdf), Livre officiel des origines félines, 12 juin 2009. Consulté le 4 mars 2011

Annexes

Articles connexes

- Chat
- Liste des races de chats
- Asian
- Chantilly-Tiffany
- Burmilla
- Tiffany

Liens externes

- **(fr)** Standard LOOF pour le type Européen (http://loof.asso.fr/loof/racine/default.asp?num=751&id=212&art_cat=&show_all=0&archive=0&page=1)
- **(fr)** Standard LOOF pour le type Américain (http://loof.asso.fr/loof/racine/default.asp?num=750&id=212&art_cat=&show_all=0&archive=0&page=1)
- **(en)** Standard CFA pour le type Américain (http://www.cfa.org/breeds/profiles/burmese.html)
- **(en)** Standard ACF pour le type Américain (http://www.acf.asn.au/Standards/Burmese.htm)
- **(en)** Standard ACFA pour le type Américain (http://www.acfacats.com/burmese_standard.htm)
- **(en)** Standard TICA pour le type Américain (http://www.ticaeo.com/Content/Publications/Pages/BU.pdf)
- **(en)** Standard FIFé pour le type Européen (http://www.fifeweb.org/wp/breeds/breeds_prf_stn.html)
- **(en)** Standard WCF pour le type Américain (http://www.wcf-online.de/en/Standard/Shorthair/burmese.htm)

Chartreux_(chat)

Chartreux	
Mâle chartreux	
Espèce	Chat (*Felis silvestris catus*)
Région d'origine	
Région	🇫🇷 France
Caractéristiques	
Silhouette	Médioligne
Taille	Taille moyenne à grande
Poids	3 à 7,5 kg
Poil	Court et dense
Robe	Bleue
Tête	Large, en trapèze renversé
Yeux	Grands, de jaune soutenu à cuivre intense
Oreilles	Placées haut sur le crâne, droites, arrondies au bout
Queue	Longueur moyenne
Standards	
• Fédérations : LOOF, CFA, ACF, ACFA, TICA, FIFé, WCF	

Le **chartreux**, aussi appelé **chat des Chartreux**, est une race de chat originaire de France. Ce chat est caractérisé par des yeux de couleur cuivre ou orangé et un pelage court et fourni entièrement bleu. Sa tête aux joues rebondies lui confère un visage « souriant ». Le développement du chartreux est lent : plus d'une année lui est nécessaire pour atteindre la maturité.

Il serait originaire de Turquie et d'Iran et aurait été ramené en France au temps des croisades. Dans les années 1930, les sœurs Léger développent la race essentiellement grâce à des sujets de Belle-Île-en-Mer. La race est reconnue en 1939. Le chartreux est au bord de l'extinction après la Seconde Guerre mondiale et des mariages malheureux avec le british shorthair, mais l'élaboration de critères sélectifs très précis dans les années 1980 a permis la reconstitution de la race initiale.

Très connu en France, le chartreux est décrit très tôt dans un poème de Joachim du Bellay. Par la suite, de nombreuses personnalités posséderont des chartreux, au rang desquelles Colette, qui lui dédia des écrits, ou encore Charles de Gaulle.

Historique

Premiers « chats bleus » et premiers chartreux

Carl von Linné décrit la race comme une espèce à part entière *Catus coeruleus*.

Le chartreux est l'une des plus vieilles races dites naturelles de chats au monde. Il serait originaire des confins de la Turquie et de l'Iran[1] , où son pelage laineux caractéristique lui conférait un avantage dans ces climats rudes. À l'époque des Croisades, le chartreux aurait été ramené par des navires de commerce entre l'Orient et l'Occident[2] .

Selon la légende, la race s'appelle « chartreux » car celle-ci habitait dans les monastères avec les moines Chartreux et servait à chasser les rats en ces temps où la peste bubonique faisait des ravages à travers l'Europe[3] . Le félin aurait alors fait vœu de silence, trait qui persiste encore de nos jours puisque le chartreux miaule très peu[1] . Une autre explication plus plausible voudrait que ce chat, pendant le XVIIIe siècle, ait été nommé d'après la dense laine espagnole « pile des chartreux ». La fourrure d'un chartreux adulte est très dense, laineuse, imperméable et d'une douceur voluptueuse. Les Néerlandais auraient échangé des peaux de chartreux du fait de la qualité de sa fourrure, de sa couleur et de sa densité[1] . Selon Jean Simonnet, cette explication est la plus probable[4] ,[2] .

On retrouve ainsi des traces de chats bleus en Occident dès 1558 dans le poème de Joachim du Bellay vantant les mérites de son chat Belaud[5] ,[6] . La première utilisation du terme « chartreux » apparaît en 1723, dans le *Dictionnaire universel de commerce, d'histoire naturelle et des arts et métiers* de Jacques Savary des Bruslons[7] ,[2] . On retrouve une référence aux chartreux dans le *Systema naturae* de 1735 de Linné, l'initiateur de la classification scientifique des espèces. Il décrit la race des chartreux sous le nom *Catus coeruleus* (chat bleu), et la considère donc comme une espèce distincte[2] . Buffon fait aussi référence aux chartreux mais tout en remarquant la proximité avec la race des autres chats de la région[8] ,[9] .

Développement de la race

Au début du XXe siècle, le chartreux est commun en Île-de-France, en Normandie et aux abords de l'île de Belle-Île-en-Mer, près de la côte bretonne[2] . Au début des années 1930, les sœurs Léger trouvent une vigoureuse colonie de chartreux sur leur île et les prennent en charge afin d'assurer leur survie. La plupart des chartreux d'aujourd'hui trouvent leurs origines à la chatterie des sœurs Léger. C'est également à cette époque que le premier standard de la race est établi, en 1939 précisément[1] . Leurs efforts aboutissent en 1933 lors d'une exposition du Cat Club de Paris, où leur chatte « Mignonne de Guerveur » devient championne internationale et est consacrée « chatte la plus esthétique de l'exposition »[2] .

La Seconde Guerre mondiale a beaucoup affecté la population des chartreux. À la fin des années 1960, la race des chartreux est aussi victime du croisement autorisé avec le british shorthair, deux races totalement distinctes. Les croisements sont tels que la FIFé fusionne les deux standards en 1970 et ne considère ses deux races comme une seule. La race est sauvée en 1977 par la promulgation d'un nouveau standard qui soulignait les caractéristiques propres du chartreux[1] . En 1987, la race est reconnue par le CFA et la TICA. Les principales autres associations félines ont emboîté le pas, peu de temps après. De tels croisements entre races différentes sont à présent interdits et les chartreux ne peuvent plus se reproduire qu'entre eux. La race est aujourd'hui présente dans de nombreux pays et bien représentée en exposition[1] , où on le considère typiquement français[6] .

Un premier couple de chartreux est exporté vers les États-Unis en 1972[6] par Helen Gamon de la Californie. Ces premiers chartreux américains sont les ancêtres de la plupart des chats chartreux nés aux États-Unis. Au Québec, l'apport français et américain du chartreux permet une grande diversité dans les lignées[2] .

Popularité

Dans son pays d'origine, le chartreux était très connu et faisait partie du trio de tête des races préférées des Français[10] . Toutefois, en 2006, il est rattrapé par le maine coon et se place désormais en quatrième place avec 5740 chartreux enregistrés au LOOF jusqu'en 2008[10] . En Angleterre et aux États-Unis il se fait beaucoup plus discret. Selon la CFA, en 2007, il ne se plaçait qu'en 26e place, derrière des races beaucoup plus rares dans l'hexagone comme le bobtail japonais[11],[12] .

Standard

Répartition des points par caractéristique[13]

Fédérations	Tête	Oreilles	Yeux	Corps	Robe et couleur
LOOF	20	10	10	30	30

Corps

Le chartreux présente un dimorphisme sexuel assez marqué. Le mâle est moyen à grand, avec un poitrail large ; il doit donc paraître massif[14] . Le chartreux à l'âge adulte possède un corps musclé et robuste de type médioligne, tout en restant souple et très agile, jamais lourdaud. Forte, épaisse et courte, l'encolure est musclée (cela vaut surtout pour le mâle qui, à l'âge adulte, n'a pour ainsi dire presque pas de cou). Les épaules sont larges, la poitrine profonde et le dos droit. Les pattes ont une ossature solide et une musculature puissante[13] mais paraissent fines en comparaison du reste du corps. Les pieds sont ronds et larges avec des coussinets de couleur bleu-gris[14] .

La femelle est plus petite, moins large de poitrine et moins joufflue, mais elle doit rester robuste, bien que les proportions restent les mêmes pour les deux sexes[14] . Le mâle peut atteindre 7,5 kg et la femelle pèse entre 4,0 et 5,0 kg. Dans l'ensemble, les pattes et la queue sont de taille moyenne. La queue est épaisse à la base et s'effile vers un bout arrondi sans jamais former de nœud[13] .

La tête ronde du chartreux est marquée par ses grands yeux dorés.

Tête

Vue de face, sa tête a la forme d'un trapèze inversé avec des contours arrondis, surtout chez le mâle. Le profil est légèrement concave avec un front haut et plat. Le nez droit et large peut avoir un très léger stop, bien que son absence soit préférable. La truffe est gris ardoise. La mâchoire est puissante et les joues rebondies, notamment chez le mâle de plus de deux ans[13] . La forme du visage lui confère un sourire caractéristique ; on le surnomme d'ailleurs le « chat souriant de France ». Le menton est ferme[14] .

Les oreilles de taille moyenne, placées haut sur la tête, sont étroites à la base et légèrement arrondies[13] . Les yeux sont arrondis, grands et expressifs, quoiqu'un peu bridés à l'extrémité extérieure. La couleur peut varier, allant du doré à l'orangé[14] .

Parmi les défauts pénalisant en concours félin, on trouve un stop trop marqué ou un nez retroussé, un museau long ou lourd, les yeux en amande. Ces défauts ne retireront pas le titre chartreux au chat mais feront baisser sa valeur. Le défaut pouvant lui retirer complètement le titre est des yeux verts et même la présence d'un cercle vert dans la couleur des yeux (le korat avec lequel il est souvent confondu a les yeux verts)[13],[1],[14].

Robe et fourrure

La seule couleur acceptée est le bleu dans toutes ses nuances, du bleu-gris clair au gris-bleu soutenu et elle doit être uniforme de l'extrémité du poil jusqu'à la racine[14]. Qu'elle soit foncée ou pâle, la couleur de sa fourrure doit être complètement uniforme même si des marques *tabby* sont présentes pendant les premières années de sa vie. La peau est également bleu-gris[14]. Le défaut de la robe pouvant lui retirer complètement le titre est la présence de taches blanches sur le pelage[13],[1],[14].

La fourrure est lustrée, épaisse, dense comme celle de la loutre, serrée. Le sous-poil bien fourni et légèrement laineux rend la fourrure pratiquement imperméable et lui donne une certaine épaisseur[14].

Races proches

Actuellement, il est souvent confondu avec les autres races bleues, tel le korat ou le bleu russe[2],[15].

Le bleu russe présente de nombreuses similitudes avec le chartreux mais le caractère contradictoire des différentes dénominations de cette race souligne assez les controverses sur son origine. Selon de nombreux spécialistes, le bleu russe partagerait la même origine que le chartreux. Ce chat ne s'est jamais vraiment implanté en France, probablement du fait de la concurrence avec le chartreux et le british shorthair bleu. On le trouve principalement dans les pays anglo-saxons[16].

Le bleu russe possède beaucoup de caractéristiques communes au chartreux, mais se différencie par la couleur de ses yeux.

On trouve aussi des caractéristiques du chartreux chez le british shorthair particulièrement au niveau de la fourrure sans toutefois avoir l'aspect presque laineux[17]. Le physique du chartreux le distingue nettement du british shorthair, en revanche, le chartreux partage avec celui-ci les yeux cuivre intense[14].

Caractère

Même si les traits de caractère sont individuels et fonction de l'histoire de l'individu, le chartreux est généralement enjoué et très sociable, tout en conservant une certaine indépendance[14]. Son tempérament fidèle lui vaut le qualificatif de « chat-chien ». Il adore suivre son maître de pièce en pièce. Il excelle à rapporter la balle ou le jouet lancé[1]. Tout en appréciant les caresses, le chartreux n'aime pas être contraint physiquement. De plus, certains d'entre eux peuvent avoir des réactions violentes lorsqu'ils sont maintenus par les assesseurs en concours[14].

Peu miauleur, le chartreux aime la tranquillité. Robuste et rustique, c'est un chat parfaitement adapté au froid et aux intempéries[14], et considéré comme un bon chasseur[18].

Élevage

Statistiques

La France compte depuis 2003, 732 éleveurs de chartreux, bien que moins de la moitié d'entre eux aient été actifs en 2008 et 2009. Ces éleveurs voient naître pour la plupart une seule portée par an. Très rarement, plus de dix portées annuelles sont déclarées et cela concerne moins de dix éleveurs sur tout le territoire français[19].

Reproduction

La France compte 355 chartreux mâles destinés à la reproduction et ayant été à l'origine d'au moins une portée ces deux dernières années. Ils ne sont pourtant que 66 à contribuer à plus de la moitié des chatons. Ces mâles sont généralement actifs entre un et quatre ans, voire cinq ans avec un extrême allant jusqu'à treize ans pour le plus âgé[19].

chatons Chartreux

Les femelles sont plus nombreuses et le LOOF en a répertorié 790 en 2008 et 2009, soit environ 2,2 femelles par mâle actif. Dans les faits, elles ne sont toutefois que 206 à mettre au monde plus de la moitié des chatons naissant en France en 2009. Ces femelles ont principalement des portées entre leur première et leur troisième année avec un extrême allant jusqu'à onze ans pour la plus âgée[19].

Les portées se constituent en moyenne de quatre chatons, avec un maximum de douze. Les portées de trois ou cinq chatons sont également assez fréquentes. Le LOOF délivre donc chaque année environ 2000 pedigrees avec une faible proportion de chats destinés à la reproduction[19].

Croissance

Les petits naissent souvent avec des marques *tabby*, qui sont amenées à disparaître progressivement dans les six à douze mois qui suivent. Le chartreux naît avec des yeux bleus-gris : la couleur orange ne s'installe qu'à partir de trois mois[18]. L'intensité de la couleur des yeux s'atténue naturellement chez le chartreux. Le développement de cette race est lent : l'achèvement de la musculature, des joues et du pelage laineux arrive vers deux à trois ans[13].

Parvenu à maturité le chartreux arbore une fourrure plus laineuse, rappelant les « cassures » de celles des moutons[13].

Les jeunes chartreux naissent avec des « marques tabby fantômes ».

Entretien

Sa fourrure épaisse nécessite un étrillage hebdomadaire. Sa mue est importante surtout au printemps où il perd sa fourrure d'hiver. Le matériel conseillé pour l'entretien de son pelage est un peigne double en métal (avec deux écartements de dents) et une brosse plus douce en soie naturelle (sanglier ou porc)[14].

La lumière du soleil peut faire apparaître des reflets marron sur sa robe[18]. De plus, la vie en plein air et particulièrement en hiver, accentue l'aspect laineux du poil[18].

Le chartreux dans l'art et l'histoire

Le chartreux apparaît pour la première fois en 1558 dans un poème de Joachim du Bellay intitulé *Vers Français sur la mort d'un petit chat*[2]. Cependant, Belaud semble mâtiné de gouttière car « blanc dessous comme une hermine »[20].

On trouve ensuite une représentation d'un chartreux en 1747 dans un tableau de Jean-Baptiste Perronneau représentant *Magdaleine Pinceloup de la Grange* : le chat y figure au premier plan, c'est-à-dire en tant qu'animal de compagnie ce qui est plutôt rare à cette époque[21].

Au début du XXe siècle, on commence à s'intéresser à ce chat pour l'élevage comme animal de compagnie. L'écrivain Colette en possédait d'ailleurs plusieurs et fit d'un de ses chats chartreux, Saha, l'héroïne de son livre *La Chatte*, où elle lui consacra plusieurs descriptions[22],[23], et également dans *Les Vrilles de la vigne*[24],[4],[25].

Perronneau : *Magdaleine Pinceloup de La Grange*

Le général de Gaulle posséda un chartreux à la fin de sa vie, Ringo de Balmalon, acheté par Yvonne de Gaulle durant le second mandat de son mari. Vivant à La Boisserie, il fut renommé Gris-Gris et, selon la légende, suivait le général partout. Par la suite, de nombreux propriétaires de chartreux déclarèrent que leurs chats étaient descendants de Gris-Gris[26].

Notes

[1] **(fr)** Muriel Alnot-Perronin, Colette Arpaillage et Patrick Pageat, Le traité rustica du chat, Rustica, 2006 (ISBN 2840386801), « Le chat, origines et races », p. 66

[2] **(fr)** DR Rousselet-Blanc, Le chat, Larousse, 1992, 160 p. (ISBN 2035174023), « Race et type européen »

[3] Ce sont ces mêmes moines qui ont inventé la liqueur de Chartreuse.

[4] **(fr)** Jean Simonnet, Le chat des chartreux, Kapp et Lahure, 1989, 210 p., « Postface »

[5] « Belaud dont la beauté fut telle
Qu'elle est digne d'être immortelle.
Doncques Belaud, premièrement,
Ne fut pas gris entièrement
Ni tel qu'en France on voit naitre
Mais tel qu'à Rome on les voit être.
Couvert d'un poil gris argentin
Ras et poli comme satin,
Couché par ondes sur l'échine
Et blanc dessous comme ermine. »

[6] Christiane Sacase, Les Chats, Solar, coll. « Guide vert », février 1994, 256 p. (ISBN 2-263-00073-9), « Chartreux » **(fr)**

[7] Chartreux - Le « vulgaire » nomme ainsi une sorte de chat qui a le poil tirant sur le bleu. C'est une fourrure dont les pelletiers font négoce.

[8] On voit par cette description que ces chats de Perse ressemblent par la couleur à ceux que nous appelons chats chartreux, et qu'à la couleur pics, ils ressemblent parfaitement à ceux que nous appelons chats d'Angora. Il est donc vraisemblable que les chats du Korazan en Perse, le chat d'Angora en Syrie et le chat chartreux, ne font qu'une même race…(Quadrupède, Tome 1, Buffon, p. 344)

[9] …les couleurs se sont uniformément adoucies ; le noir et le roux sont devenus d'un brun clair, le gris-brun est devenu gris cendré ; en comparant un chat sauvage de nos forêts avec un chat chartreux, on verra qu'ils ne diffèrent en effet que par cette dégradation nuancée de couleurs…(Quadrupède, Tome 1, Buffon, p. 345)

[10] **(fr)** Tableau des pedigrees par race et par année (http://www.loof-actu.fr/stats/recap.php) sur http://www.loof-actu.fr/", LOOF Actu, *16 juin 2009*. Consulté le *5 août 2009*

[11] **(fr)** Le chat de race en Angleterre : les grandes évolutions (http://www.aniwa.com/fr/general/document/fr/general/magazine/tendances/les-chats-de-race-en-angleterre-analyse-statistiques-gccf-/index.htm) sur http://www.aniwa.com", Aniwa, *30 mai 2008*. Consulté le *5 août 2009*

[12] **(fr)** Le sphynx : haut dans les cœurs du classement CFA (http://www.aniwa.com/fr/general/document/fr/general/magazine/tendances/le-sphynx---haut-dans-les-coeurs-du-classement-cfa-/index.htm) sur http://www.aniwa.com", Aniwa, *23 mai 2008*.

Consulté le 5 août 2009

[13] **(fr)** LOOF Standard LOOF (http://www.loof-actu.fr/download/05_standards_20090612.pdf) sur http://www.loof-actu.fr/", LOOF *Actu, 16 juin 2009. Consulté le 5 août 2009*
[14] DR Rousselet-Blanc, Le chat, Larousse, 1992, 161 p. (ISBN 2035174023), « Race et type européen »
[15] Le traité rustica du chat, *op. cit.*, « Le chat, origines et races », p. 50
[16] Le traité rustica du chat, *op. cit.*, « Le chat, origines et races », p. 64
[17] Le traité rustica du chat, *op. cit.*, p. 60
[18] **(fr)** Chartreux (http://www.royalcanin.fr/index.php?option=com_rcraces&section=chat&Itemid=183&task=fiche&id=311) sur http://www.royalcanin.fr/", Royal *Canin, 2006. Consulté le 5 août 2009*
[19] **(fr)** Statistiques détaillées du LOOF par race (http://www.loof.asso.fr/download/stats/Stats LOOF - CHA.pdf) sur http://www.loof-actu.fr/", LOOF *Actu, 16 juin 2009.*
[20] **(fr)** Stefano Salviati, 100 chats de légende, Turin, Solar, septembre 2002, 144 p. (ISBN 2263032827)
[21] **(en)** Magdaleine Pinceloup de la Grange, née de Parseval (http://www.getty.edu/art/gettyguide/artObjectDetails?artobj=866) sur http://www.getty.edu/", Getty *Center. Consulté le 5 août 2009*
[22] Le soleil jouait sur son pelage de chatte des chartreux, mauve et bleuâtre comme la gorge des ramiers
[23] Il lui dédia rapidement quelques litanies rituelles qui convenaient aux grâces caractéristiques et aux vertus d'une chatte dite des chartreux, pure de race, petite et parfaite... Mon petit ours à grosses joues... Fine... Fine chatte ... Mon pigeon bleu... Démon couleur de perle...
[24] À fréquenter le chat, on ne risque que de s'enrichir. Serait-ce par calcul que depuis un demi-siècle je recherche sa compagnie ?
[25] 100 chats de légende, *op. cit.*, « L'univers félin de Colette », p. 108-109
[26] 100 chats de légende, *op. cit.*, « L'éminence grise du général », p. 61

Références

Bibliographie

- Georges Louis Leclerc de Buffon, Quadrupède, t. 1, Paris, Firmin Didot Frères, 1754
- Muriel Alnot-Perronin, Colette Arpaillage et Patrick Pageat, *Le traité rustica du chat*, Paris, Rustica, 2006, (ISBN 2840386801)
- Pierre Rousselet-Blanc, *Larousse du Chat*, Larousse, Paris, 2000. (ISBN 2035174295)
- Pierre Rousselet-Blanc, *Le chat*, Larousse, Paris, 1992, (ISBN 2035174023)
- Jean Simonnet, *Le chat des chartreux*, Kapp et Lahure, Paris, 1989.

Annexes

Articles connexes

- Liste des races de chats
- Autres chats à dominance bleue :
  - Bleu russe
  - Korat
- British shorthair
- L'Ordre des Chartreux

Liens externes

Clubs et associations d'éleveurs

- **(fr)** Club du Chat des Chartreux (http://www.club-du-chartreux.com/accueil.html): Association crée en 1984 afin de promouvoir et protéger la race du chat des chartreux.
- **(fr)** Chartreux Europe (http://www.chartreux-europe.com) : portail européen dédié au chartreux.
- **(fr)** Cercle des amis du chartreux (http://www.amisduchartreux.org/?cat=1) : association reconnue par le LOOF.

Standards

- **(fr)** Standard LOOF (http://www.loof-actu.fr/standards/guide.php)
- **(en)** Standard CFA (http://www.cfa.org/breeds/standards/chartreux.pdf)
- **(en)** Standard ACF (http://www.acf.asn.au/Standards/Chartreux.htm)
- **(en)** Standard ACFA (http://www.acfacat.com/chartreux_standard.htm)
- **(en)** Standard TICA (http://ticaeo.com/content/publications/pages/cx.pdf)
- **(en)** Standard FIFé (http://www.fifeweb.org/wp/breeds/breeds_prf_stn.html)
- **(en)** Standard WCF (http://www.wcf-online.de/en/Standard/Shorthair/chartreux.htm)

 La version du 27 août 2009 de cet article a été reconnue comme « **bon article** », c'est-à-dire qu'elle répond à des critères de qualité concernant le style, la clarté, la pertinence, la citation des sources et l'illustration.

Chat_à_poil_long

Un **chat à poil long** est un chat dont la fourrure possède des poils longs à mi-longs. La seule race à poil long est le persan qui comprend de nombreuses variétés en termes de couleur. L'ensemble des autres races de chats, ainsi que des chats de gouttières sont considérés comme à poil mi-long en félinotechnie. Bien que plus difficile d'entretien que le chat à poil court

Génétique

Le gène "poil long" est récessif[1] . L'origine du "poil long" serait d'Asie mineure. Le gène se serait par la suite répandu, et aurait été un avantage dans les milieux froids comme pour les races norvégien ou maine coon.

Les chats à poil long, dont le persan, sont plus sujets à une fluctuation du nombre de portées en fonction de la saison : un pic de reproduction se produit au printemps et une période d'anœstrus en automne. Toutefois, il est possible de minimiser cette variation en augmentant le temps d'exposition à la lumière de la chatte[2] .

Chat de gouttière à poil long.

Histoire

Pietro della Valle aurait ramené en Italie des chats à poil long, qui n'existaient pas en Europe, de ses voyages en Perse durant le XVIe siècle[3]. Par ce biais, il se serait d'abord reproduit en Italie, puis introduit en France où il est apprécié par les femmes de la bourgeoisie[4]. L'initiateur de la mode des chats aux longs poils en Europe a été Nicolas-Claude Fabri de Peiresc (1580 - 1637), conseiller au Parlement d'Aix-en-Provence[5], qui en introduisit un couple en France[3]. Il avait fait venir des chats de Damas comme des curiosités[6].

Notes et références

[1] Hilary G. Helmrich, « Basic Genetics for the cat breeder (http://www.catgenes.org/pdf/basic-genetics.pdf) » sur http://www.catgenes.org/", The *Cat Fancier Association*. Consulté le 21 juillet 2009, p. 9

[2] **(fr)** Aurélie STENKISTE, « Contribution à l'étude des conditions de mise-bas et de la mortalité des chatons chez le chat de race en France (http://theses.vet-alfort.fr/telecharger.php?id=1109) » sur http://theses.vet-alfort.fr/", École *nationale vétérinaire d'Alfort*, 2009. Consulté le 9 septembre 2009

[3] Christiane Sacase, Les Chats, Solar, coll. « Guide vert », février 1994, 256 p. (ISBN 2-263-00073-9), « Persan » **(fr)**

[4] Portrait de race : le persan (http://loof.asso.fr/loof/racine/default.asp?id=243&num=882) sur http://loof.asso.fr/", LOOF. Consulté le 20 avril 2009

[5] Le majestueux chat de race persan (http://www.toutok.net/encyclok/chatpersan/index.php) sur http://www.toutok.net/encyclok/", Encyklok.Consulté le 20 avril 2009

[6] Persan (http://www.waliboo.com/chats/fiche/34206/persan) sur http://www.waliboo.com/", Waliboo.Consulté le 20 avril 2009

Annexes

Articles connexes

- Chat à poil court
- Liste des races de chat

Felidae

WARNING: Article could not be rendered - ouputting plain text.
Potential causes of the problem are: (a) a bug in the pdf-writer software (b) problematic Mediawiki markup (c) table is too wide

Comment lire une taxobox Félidés Tigre (Panthera tigris) Classification scientifique des espècesClassificationRègne (biologie)RègneAnimalia Animalia Embranchement (biologie)EmbranchementChordata Chordata Sous-embranchementSous-embr.Vertebrata Vertebrata Classe (biologie)ClasseMammalia Mammalia Sous-classe (biologie)Sous-classeTheria Theria InfraclasseInfra-classeEutheria Eutheria Ordre (biologie)OrdreCarnivora Carnivora Sous-ordreFeliformia Feliformia Famille (biologie)Famille Felidae Johann Fischer von WaldheimG.Fischer, 1817Les félins ou félidés (Felidae) constituent une Famille (biologie)famille de l'Ordre (biologie)ordre des carnivores, de la Sous-classe (biologie)sous-classe des euthériens, dans la Classe (biologie)classe des mammifères. La famille des félidés comporte deux sous-familles selon Système d'information taxonomique intégréITIS et trois selon National Center for Biotechnology InformationNCBI[non pertinent]. Parmi leurs traits caractéristiques figurent leur Tête (anatomie)tête ronde au crâne raccourci, leur mâchoire dotée d'environ trente dents, et leurs griffe (anatomie animale)griffes rétractiles, exception faite du guépard, du chat viverrin et du chat à tête plate. Les félins sont digitigrades, c'est-à-dire qu'ils marchent en appuyant sur leurs doigts (la plante du pied ne se pose pas sur le sol). À l'heure actuelle, Proailurus lemanensisProailurus, qui vivait il y a 40 millions d'années dans la période de l'Oligocène, est considéré comme le plus vieil ancêtre commun de la famille des félidés. On considère Pseudaelurus comme le dernier ancêtre commun des félins modernes. Origine et évolution des Félidés Les premiers félins Les carnivores actuels partagent un ancêtre commun dont ils ont tous hérité et qui serait probablement rattaché aux miacismiacidés. Ces petits carnivores forestiers seraient apparus il y a environ 60 millions d'années et avaient l'allure et la taille des genettes actuelles, avec un corps allongé et une longue queue. Il n'en reste que de rares fossiles dans l'hémisphère nord. L'origine des félins est mal documentée dans le registre des fossiles car les ancêtres des félidés vivaient en général dans les milieux tropicaux, qui n'offrent pas de bonnes conditions de fossilisation. Les espèces disparues considérées comme les plus proches de l'ancêtre des félins seraient Proailurus (un petit carnassier européen et arboricole apparu il y a 40 millions d'années) puis Pseudaelurus qui vivait il y a 9 à 20 millions d'années en Europe et en Asie et dont les félins actuels ont divergé il y a 10.8 millions d'annéesStephen O'Brien et Warren Johnson, « L'évolution des chats », dans Pour la science, no 366, Avril 2008 (International Standard Serial NumberISSN 0 153-4092)..Dispersion des félins dans le monde Selon une récente étude menée par Warren Johnson et Stephen O'Brien à partir de l'analyse de l'ADN mitochondrial des espèces actuelles, les félins auraient effectué deux vagues de migrations : il y a neuf millions d'années, les félins d'Asie se répandirent en Afrique et en Amérique à la faveur d'une baisse du niveau des océans ; puis, il y a un à quatre millions d'années les félins d'Amérique revinrent sur le vieux continent, et notamment les lynx et les guépards. Les félins à dents de sabre Un squelette de smilodon. Les félins dits « à dents de sabre » comme le smilodon, dont les derniers représentants ont disparu il y a 10000 ans, apparaissent dans deux groupes de carnivores : les Nimravidae, que l'on nomme aussi paléo-félins et les felidae. Il s'agit d'un phénomène de convergence évolutive qui apparut aussi chez les marsupiaux (avec par exemple le Thylacosmilus).Les félins à dents de sabre, de la sous-famille des Machairodontinae disparurent probablement en raison de leur hyper-spécialisation : l'étude de leur squelette révèle des lésions dues à l'extension ou à la flexion des attaches des muscles et des ligaments. De plus, les blessures étaient fréquentes.[réf. souhaitée]Anatomie et caractéristiques physiques Les différentes espèces de félins ont des poids et tailles variés qui vont de 1.5 kg pour le chat à pattes noires à plus de 300 kg pour le tigre. Pourtant, malgré leur différence, les félins partagent de nombreux points communs. Le squelette et la musculature en général Qu'ils soient grands ou petits, l'une des principales caractéristiques communes aux félins est leur squelette flexible, plus particulièrement au niveau de la colonne vertébrale, offrant une grande souplesse, aidée aussi par des muscles du dos eux aussi très souples. Les omoplates et les clavicules sont assez libres de mouvement, retenues par très peu de ligaments, et permettent une grande diversité de mouvements. Les muscles les plus développés sont ceux des pattes arrières, pour que les félins puissent faire de grands sauts et courir vite (jusqu'à 120 km/h pour le guépard). La morphologie des félins est donc parfaitement adaptée à la chasse, ce qui est inévitable pour leur survie. Mais chaque félin est différent, et, selon le type de proies qu'ils convoitent, ils s'adaptent physiologiquement. Le crâne Le crâne d'un chat domestique.Pupille en fente du chat domestique.Pupille ronde du tigre.Détail sur les papilles. La mâchoire raccourcie constitue une innovation de la famille des Felidae. Le crâne est donc plus court que celui des autres carnivores, et possède en général moins de dents, mais cette forme augmente considérablement la force des morsures car permettant un mouvement vertical de la mâchoire puissant. L'articulation de la mâchoire ne permet pas les mastications horizontales, comme chez les ruminants par exemple.L'élasticité de la Os hyoïdechaîne hyoïde, au-dessus du larynx, permet traditionnellement de séparer les grands félins (Pantherinae) des petits (Felinae).[réf. souhaitée]Les vibrisses (plus communément appelées moustaches) sont un élément important pour le sens du toucher. Autour du museau, sur le menton, les joues et les sourcils, elles sont implantées à des endroits stratégiques pour une plus grande sensibilité. Comme les poils, elles tombent et repoussent au fur et à mesure de la vie du félin. L'orientation de certaines d'entre elles peut être modifiée sous l'action de muscles faciaux.Les yeux Les yeux sont positionnés vers l'avant, ce qui permet la vision binoculaire, très importante chez les prédateurs. L'angle de vision binoculaire est de 130°, pour un champ de vision total de 287°, contre seulement 180° chez l'hommeRémy Marion, Catherine Marion, Géraldine Véron, Julie Delfour, Cécile Callou et Andy Jennings, Larousse des Félins, LAROUSSE, 2005, 224 p. (ISBN 2-03-560453-02).. Leur pupille peut se contracter, devenant selon les espèces, petite et ronde ou en forme de fine fente verticale en pleine lumière, et grosse et ronde en l'absence de luminosité. Le tapetum lucidum, qui tapisse le fond de la rétine, permet la réflexion de la lumière et favorise la Nyctalopievision dans la pénombre : l'œil du félin est six fois plus sensible dans l'obscurité que l'œil humain. Les félins possèdent un grand nombre de bâtonnets mais très peu de Cône (biologie)cônes, comparativement à l'œil humain qui en possède six fois plus. De plus, ces cônes absorbent principalement la lumière verte et très peu le bleu et le rouge : les félins voient principalement leur environnement en nuance de grisPeter Jackson et Adrienne Farrell Jackson, Les félins, toutes les espèces du monde, Paris, Delachaux et Niestlé, coll. « La bibliothèque du naturaliste », 1996, 272 p. (ISBN 2-603-01019-0).[réf. insuffisante]. Mais, pour les prédateurs, percevoir les couleurs est moins important que de percevoir les mouvements, et cela ne handicape pas leur vision. Du fait de l'emplacement de leur fovéa, où se concentre la majorité de leurs cellules photosensibles, un félin tourne la tête plusieurs fois avant de sauter sur une proie, afin de gagner en précision. Les oreilles Les oreilles des félins sont très sensibles et nombre d'entre eux repèrent leur proie à l'ouïe, tel le serval. D'une grande mobilité, elles sont en outre un organe de communication corporelle important. Les facultés de l'oreille féline étant bien supérieures à celle de l'humain. Les oreilles sont sensibles à la température et sont un lieu de déperdition de chaleur. C'est pourquoi les félins qui vivent dans des milieux froids ont des petites oreilles, comme l'Once (félin)once, au contraire du chat des sables qui a de larges pavillons pour évacuer la chaleur. Elles peuvent aussi dépendre des proies convoitées, plus grandes pour un animal qui fera peu de bruit et vice versa, car un large pavillon d'oreille répercute les sons et vibrations les plus ténus, permettant une grande précision pour la localisation des proies, par exemple si elles se cachent sous le sable. Certains félins comme le lynx et le caracal voient leurs oreilles surmontées de « plumets », touffes de poils fin d'environ 5 cm. L'organe de Jacobson L'organe voméronasal ou organe de Jacobson, situé près du palais, permet de « goûter » certaines odeurs bien spécifiques, comme les marques olfactives des autres félins. L'utilisation de cet organe se caractérise par le flehmen, une grimace qui consiste chez les félins à ouvrir la gueule et découvrir les gencives. Il complète efficacement l'odorat, sens des félins le plus complexe à étudier. La langue Lapement du tigre. La langue des félins est tapissée de Papille#Papilles de la languepapilles cornées orientées vers l'arrière qui lui permettent de faire la toilette, d'enlever en partie les poils de ses proies et de mieux racler leur chair. Les félidés, à l'instar du chat#Lapementlapement du chat, ont une technique différente du reste des mammifères. On a longtemps pensé que leurs papilles cornées servaient à retenir l'eau, mais il en va en fait tout autrement. Alors que l'homme boit par la technique de succion et que le chien, comme beaucoup d'autres vertébrés, plonge le museau et plie sa langue comme une cuillère, ce qui amène le liquide vers sa gueule, les félidés plient la pointe de la langue vers le bas et vers sa face dorsale pour effleurer le liquide, puis la retirent aussitôt, ce qui crée une colonne de liquide. Au moment où la gravité reprend le pas sur la Force d'inertieforce d'inertie et va faire retomber la colonne, ils referment leur mâchoire et aspirent alors une partie de cette colonne Caméra à haute vitesse montrant le lapement du chat au ralenti.. Cette technique de lapement (en moyenne 4 lapées par seconde pour le chat, moins pour les félidés plus grosLes chercheurs en mécanique des fluides ont calculé que la fréquence de lapement augmente avec la masse élevée à la puissance $-1/6$.) a été modélisée mathématiquement et reproduite par un robot (disque de verre rond remontant par un piston à la même vitesse que la langue féline, soit 1 m/s Robot mimant le lapement.). Une hypothèse expliquant cette technique sophistiquée met en cause la région extrêmement sensible du nez et des moustaches des félidés, ces derniers lapant en cherchant à maintenir cette région la plus sèche possible(en) Pedro M. Reis et coll., « How Cats Lap: Water Uptake by Felis catus », dans Science (revue)Science, vol. 26, 11 novembre 2010, p. 1231-1234 [lien DOI].. La denture des félins DentureFormule dentaireos maxillairemâchoire supérieure1313313112133121mâchoiremâchoire inférieureTotal : 30Denture commune aux Felidae Les félins possèdent 28 à 30 dents. Leurs quatre canines sont plus longues que celles des loups et sont utilisées pour la mise à mort. Leur taille a même atteint 18 cm au temps des Smilodontigres à dents de sabre. Les 12 petites dents de devant, ou incisives, servent à arracher les poils ou les plumes et la viande des os. Sur les côtés des mâchoires se trouvent les prémolaires et les molaire (dent)molaires, également appelées dents jugales ; elles sont moins utiles pour les félins mâchant peu leur nourriture. Les dernières prémolaires supérieures et les premières molaires inférieures des félins sont aiguës et tranchantes et faites pour déchiqueter la viande. Ces dents particulières sont appelées les carnassières. Les membres Patte de puma. Le squelette des félins est caractérisé par une clavicule « flottante », reliée au sternum par un unique ligament, ce qui confère aux félidés une grande souplesse des pattes antérieures : les félins peuvent par exemple déplacer leurs épaules en alternance, ce qui n'est pas le cas pour tous les carnivores. Les membres antérieurs sont par ailleurs très souples (sauf pour le guépard qui a toutefois une plus grande souplesse de l'Colonne vertébraleéchine), ce qui permet d'avoir une grande précision. On peut aussi noter que les félins peuvent écarter latéralement les pattes avant ce qui permet d'attraper les proies ou de monter aux arbres. Les membres postérieurs sont, eux plus longs que les membres antérieurs, permettant aux félins de capturer des proies plus grandes qu'eux et augmentant leurs capacités d'accélérations. Les pattes Les félins sont digitigrades, ils marchent sur leurs doigts. Ils en ont cinq aux pattes antérieures et quatre aux pattes postérieures, le cinquième doigt des pattes antérieures ne touchant pas le sol et celui des pattes postérieures ayant disparu au cours de l'évolution. La plante de leurs pieds est recouverte d'une sorte de semelle, permettant d'accroître leur souplesse et d'être silencieux en marchant. Les coussinets de ceux qui vivent et se déplacent sur le sol brûlant des déserts est recouvert de poils. La petitesse des pattes et leur résistance améliorent elles aussi leur courses. Les griffes Mécanismes biologiques en jeu lors de la sortie des griffes.En blanc : les tendons.En rose et en jaune orangé : les os. Les félins, en dehors du guépard, du chat viverrin et du chat à tête plate, ont les Griffe (anatomie animale)griffes rétractiles. Ce dernier point n'est pas caractéristique des félins, puisque d'autres carnivores en possèdentRémy MarionRémy Marion (dir.), Cécile Callou, Julie Delfour, Andy Jennings, Catherine Marion et Géraldine Véron, Larousse des félins, Paris, Éditions LarousseLarousse, septembre 2005, 224 p. (ISBN 2-03-560453-2 et 978-2035604538) (Online Computer Library CenterOCLC 179897108).[réf. insuffisante]. Les griffes sont un élément important du sens du toucher. La sortie des griffes dépend de la contraction volontaire des muscles fléchisseurs des doigts. Au repos, de nombreux tendons gardent les griffes à l'intérieur de la gaine protectrice et permettent aux félins de faire « patte de velours ».Comportement et vie sociale Bien que presque tous soient des solitaires, les vies sociales des félins dépendent de leurs comportement, ainsi que de leur habitat (il arrivera plus facilement que des félins s'associent pour chasser si la proie est grosse ou si on est en période de disette par exemple). La communication Il existe différents modes de communication chez les félins. En tant que mammifères, ils sont peu bavards, mais peuvent communiquer par des vocalises. Tout comme les humains, ils émettent des sons avec leurs Corde vocalecordes vocales pendant l'expiration. La fréquence de ces cris va de 50 à 10000 hertz, et leur répertoire est très varié, allant du chuintement au rugissement, et certains cris sont propres à une espèce. Pour les félins solitaires, les vocalises servent surtout en période de reproduction, pour appeler les femelles ou pour avertir les autres félins que le territoire est occupé. Ces vocalises peuvent être complétées par des marquages olfactifs, au moyen de diverses substances (phéromones, urine…), et visuels (griffures sur les arbres…). Mais chez les félins sociables, la communication est primordiale pour une bonne entente. Chez eux, les vocalises sont plus nombreuses et plus complexes. Le miaulement d'appel est l'un des plus communs, et peut être utilisé dans beaucoup de situations par exemple quand les mères communiquent avec leurs petits. Quand ils veulent se faire agressifs, les félins crachent et grondent, tandis que lors d'approches amicales, ils émettent des gargouillements et s'ébrouent, signe d'apaisement. Très connu grâce à nos chats domestique, le ronronnement est aussi employé par les autres félins pour exprimer le contentement. Les félins utilisent aussi entre eux des postures significatives, par exemple pour signaler à ses congénères que l'on sent un danger, pour inviter un partenaire à l'accouplement, pour menacer un adversaire ou, à l'inverse, pour montrer sa soumission. Ces attitudes accompagnent et complètent les vocalises. Vivre en solitaire Les félins solitaires sont généralement nocturne (comportement animal)nocturnes, ils vivent la nuit et voient assez bien dans l'obscurité. Ils vivent sur des territoires de forme et de taille variées, divisés en zones d'activités stratégiquement placées (zone d'alimentation, de repos, point d'eau…). Pour se nourrir, ils doivent chasser des proies, différentes selon leur espèce et l'endroit où ils vivent. Mais malgré leurs aptitudes, le succès d'une chasse n'est pas toujours garanti, et les félins ne mangent que tous les 3 à 4 jours en moyenne (cela diffère selon la saison, l'habitat et le régime alimentaire). Chez le guépard par exemple, on estime que la chasse est fructueuse seulement une fois sur trois. Et même si la proie est attrapée, il suffit que le félin ait mal assuré sa prise pour qu'elle s'échappe. En dehors de la chasse, les félins passent le plus clair de leur temps à dormir (jusqu'à 18 heures par jour) ou juste à se prélasser dans leur abri. Le régime carnivore des félins explique ce comportement : la viande se digère rapidement, ce qui leur permet de se nourrir moins souvent, et la chasse les épuise fortement (chez le guépard, l'énergie dépensée dans la course est telle qu'il ne peut généralement pas rattraper sa proie si elle s'enfuit par la suite, et ne peut pas non plus la récupérer si d'autres prédateurs la lui volent). Les exceptions Durant la période des chaleurs, quand un mâle trouve une femelle prête à s'accoupler, il la suit durant plusieurs jours, jusqu'à l'accouplement. Il arrive parfois qu'il reste plus longtemps en compagnie de la femelle, s'occupant même de ses petits sans raisons apparentes. En dehors de cette période, rares sont les rencontres, les femelles s'évitant entre elles, et les autres mâles préférant rester à distance grâces aux odeurs qui marquent les limites des territoires. Il arrive pourtant des exceptions, par exemple quand un mâle abat une grande proie, il accepte parfois de la partager avec les femelles cohabitant avec lui. Tous ces cas prouvent que les solitaires peuvent être sociables, mais l'exemple le plus flagrant est celui des jeunes mâles, venant de quitter leur mère, qui s'associent pour un temps avant de trouver leur propre territoire. C'est très souvent le cas chez les guépards, dont l'organisation sociale reste néanmoins assez méconnue, car ils ne sont ni des félins sociaux, ni de véritables félins solitaires. En s'associant ainsi, ils bénéficient de l'avantage du nombre, très utile pour la chasse. Cependant, même s'il arrive à des guépards mâles adultes d'avoir des territoires se chevauchant, et en dépit de ces associations spontanées, on ne peut parler de véritable organisation sociale. Il arrive aussi à de jeunes lions ou de jeunes tigres de suivre ce genre de comportement. Un cas particulier : le lion Les lions sont, à la différence des autres félins, des animaux très sociables, vivant dans une troupe d'une vingtaine d'individus, composée d'une famille très soudée avec des mâles (un à sept), des femelles (une dizaine généralement) et leurs petits. Le nombre d'individus est cependant limité par le nombre de proies disponibles dans le territoire, qui peut atteindre 500 km2, c'est pourquoi les jeunes mâles quittent le groupe pour former leur propre famille quand ils atteignent leur maturité sexuelle. Ce sont les lionnes qui sont chargées de la chasse, les mâles s'occupant plutôt de tenir à distance les intrus, maintenant ainsi la sécurité des jeunes. Mais un mâle reste rarement plus de 4 ans à la tête d'un groupe, remplacé par de plus jeunes lions qui auraient gagné un combat contre l'autre. Ces changements de dominants sont bénéfiques aux clans, leur apportant un sang neuf. Habitat Les habitats sont variés, bien que près des trois-quarts des espèces vivent dans les forêts. Les félins ont colonisé tous les continents, sauf l'Australie et l'Antarctique (exception faite du chat domestique). Classification classique Depuis l'avènement des études moléculaires de l'Acide désoxyribonucléiqueADN des espèces, la classification des félins subit de nombreux changements. De nombreuses espèces « apparaissent » tandis que d'autres se fondent. On classe traditionnellement les félins actuels en deux ou trois sous-familles : la sous-famille des félinés (Felinae) la sous-famille des panthérinés (Pantherinae) la sous-famille des acinonychinés (Acinonychinae) : cette sous-famille n'est pas reconnue par la base de données Système d'information taxonomique intégréITIS et est incluse dans la sous-famille des Felinae en tant que Genre (biologie)genre.À celles-ci, on peut rajouter deux sous-familles éteintes, dont les descendants ne sont pas parvenus jusqu'à nous : les Machairodontinae qui contenait les félins à dents de sabre ; les Proailurinae.Espèces actuelles Comparaison entre la base Système d'information taxonomique intégréITIS et la base National Center for Biotechnology InformationNCBIBase Système d'information taxonomique intégréITISBase National Center for Biotechnology InformationNCBIsous-famille PantherinaeGenre NeofelisPanthère nébuleuse (Neofelis nebulosa)Léopard de Bornéo (Neofelis diardi)Genre PantheraTigre (mammifère)Tigre (Panthera tigris)Jaguar (Panthera onca)Lion (Panthera leo)Léopard (félin)Léopard (Panthera pardus)Genre UnciaOnce (félin)Once (Uncia uncia)sous-famille FelinaeGenre PardofelisChat marbré (Pardofelis marmorata)Genre CatopumaChat bai (Catopuma badia)Chat de Temminck (Catopuma temminckii)Genre LeptailurusServal (Leptailurus serval)Genre CaracalCaracal (Caracal caracal)Genre ProfelisChat doré africainChat doré d'Afrique (Profelis aurata)Genre LeopardusOcelot (Leopardus pardalis)Oncille (Leopardus tigrinus)Margay (Leopardus wiedii)Chat pantanal (Leopardus braccatus)Chat pajeros (Leopardus pajeros)Genre OncifelisColocolo (Leopardus colocolo)Colocolo (Oncifelis colocolo)Chat de Geoffroy (Leopardus geoffroyi)Chat de Geoffroy (Oncifelis geoffroyi)Kodkod (Leopardus guigna)Kodkod (Oncifelis guigna)Genre OreailurusChat des Andes (Leopardus jacobita)Chat des Andes (Oreailurus jacobita)Genre LynxLynx du Canada (Lynx canadensis)Lynx commun (Lynx lynx)Lynx pardelle (Lynx pardinus)Lynx roux ou Bobcat (Lynx rufus)Genre PrionailurusChat léopard du Bengale (Prionailurus bengalensis)Chat à tête plate (Prionailurus planiceps)Chat rubigineux (Prionailurus rubiginosus)Chat pêcheur (Prionailurus viverrinus)Chat-léopard#Chat d'IriomoteChat d'Iriomote (Prionailurus iriomotensis)#ancrage_**Genre FelisChat de Biet (Felis bieti)Chaus (Felis chaus)Chat à pattes noires (Felis nigripes)Chat des sables (Felis margarita)Felis silvestrisChat sauvage (Felis silvestris)Chat domestique (Felis catus)Genre OtocolobusManul (Felis manul)Manul (Otocolobus manul)Genre PumaPuma (Puma concolor)Genre HerpailurusJaguarondi (Puma Yagouaroundi)Jaguarondi (Herpailurus Yagouaroundi)sous-famille AcinonychinaeGenre AcinonyxGuépard (Acinonyx jubatus)#lien_**. Le chat d'Iriomote est parfois considéré comme une sous-espèce du chat léopard du Bengale. Conclusions relatives au tableau On remarque qu'entre les deux bases, le nombre d'espèces fluctue ; ainsi, selon la base Système d'information taxonomique intégréITIS, il y a 38 ou 39 espèces de félins que l'on compte ou pas le Chat-léopard#Chat d'Iriomotechat d'Iriomote tandis qu'il n'y a que 37 espèces de félins pour la base National Center for Biotechnology InformationNCBI. Classification incluant les genres éteints (fondé sur ITIS) Guépard (Acinonyx).(Megantereon).Panthère nébuleuse (Neofelis).Serval (Leptailurus). †Proailurinae †ProailurusFelinae †Abelia (félidé)AbeliaAcinonyx †AdelphailurusCaracalCatopuma †Dinofelis †DolichofelisFelis †JansofelisLynxLeopardusLeptailurus †Metailurus †Miracinonyx †NimravidesPardofelis †Pikermia †PratifelisPrionailurusProfelis †PseudaelurusPuma (genus)Puma †Sivaelurus †Sivapanthera †Sivapardus †VishnufelisPantherinae †Dromopanthera †LeontoceryxNeofelisPanthera †SchaubiaUncia †Viretailurus †Machairodontinae †Hemimachairodus †Homotherium †Lokontailurus †Machairodus †Megantereon †Miomachairodus †Paramachairodus †Smilodon †XenosmilusNCBI ajoute à cette liste la sous-famille des Acinonychinae.Classification phylogénétique La taxonomie des félins est complexe à étudier car peu de fossiles sont arrivés jusqu'à nous, et ceux-ci sont également difficilement différentiables : même de nos jours, reconnaître un squelette de tigre de celui d'un lion est complexe. Les travaux de phylogénie se tournent à présent vers la génétique, ce qui permet à la fois de différencier les diverses lignées de félins, mais également de dater leur Dérive génétiquedivergence. Cependant, une difficulté vient s'ajouter à ces analyses : pour certaines espèces, les échantillons d'Acide désoxyribonucléiqueADN sont difficilement ostensibles. Les travaux menés en 2006 par Warren Johnson et Stephen O'Brien ont porté sur trente gènes différents situés sur les mitochondries et les Gonosomechromosomes sexuels. En s'appuyant sur des fossiles et sur la séquence intégrale du chat abyssin « Cannelle » (Cinnamon), il a été possible de dater les embranchements de l'arbre phylogénétique. Ces recherches génétiques donnent une classification différentes des espèces vivantes de félidés,W.E. Johnson et al.: The Late Miocene radiation of Modern Felidae: A genetic assessment. Science, Bd. 311, S. 73-77, Jan. 2006.,(en) Wozencraft, W. C., Mammal Species of the World, Johns Hopkins University Press, 16 novembre 2005 (ISBN ISBN 978-0-8018-8221-0).. Nous avons, par ordre chronologique de divergence : La lignée de la panthère Panthera comprenant les espèces du genre (biologie)genre Panthera, Once (félin)Uncia et Neofelis. La lignée du chat bai comprenant les genres Pardofelis et Catopuma. La lignée du caracal dont fait partie les genres Leptailurus, Caracal et Profelis. La lignée des ocelots, apparue il y a 2.9 millions d'années contenant le genre Leopardus. La lignée des Lynx comprenant le lynx commun, le lynx pardelle, le lynx roux et le lynx du Canada. La lignée du Puma (genre)Puma comprenant aussi le genre Acinonyx. La lignée du Chat léopard du Bengalechat léopard contenant le genre Prionailurus et Otocolobus. La lignée du chat domestique, c'est-à-dire le genre Felis.Les quatre dernières lignées présentent un rapport entre elles plus grand que les autres et forment un clade dans les Felinae.Notes et références Voir aussi Articles connexes Félin hybride Le lion des cavernes La taxinomieLiens externes Mammal species of the World (en)Référence Tree of Life Web Project : Felidae (en)Référence The Paleobiology Database : Felidae Gray 1821 (en)Référence Système d'information taxonomique intégréITIS : Felidae Fischer de Waldhim, 1817 (fr) (+ version anglaise (en))Référence Animal Diversity Web : Felidae (en)Référence National Center for Biotechnology InformationNCBI : Felidae (en)Référence Convention sur le commerce international des espèces de faune et de flore sauvages menacées d'extinctionCITES : famille Felidae (sur le site de l'Programme des Nations unies pour l'environnementUNEP-Centre de surveillance de la conservation de la natureWCMC) (fr+en)Bibliographie Rémy Marion, Catherine Marion, Géraldine Véron, Julie Delfour, Cécile Callou et Andy Jennings, Larousse des Félins, LAROUSSE, 2005, 224 p. (ISBN 2-03-560453-02)Peter Jackson et Adrienne Farrell Jackson, Les félins, toutes les espèces du monde, Paris, Delachaux et Niestlé, coll. « La bibliothèque du naturaliste », 1996, 272 p. (ISBN 2-603-01019-0)

Carnivore_domestique

Les **carnivores domestiques** sont une classification des animaux de compagnie, carnivores de domestication ancienne et soumis à une législation particulière dans de nombreux pays. Cette législation les distingue du bétail, des animaux de basse-cour d'élevage et d'aquaculture dont la finalité est principalement alimentaire.

La législation sur les carnivores domestiques porte essentiellement sur leur identification, leur vaccination et leur confère une reconnaissance mutuelle en matière de transit international. Il s'agit en réalité de trois espèces de mammifères carnivores domestiques qui représentent la majorité des animaux de compagnie présents dans les pays concernés.

En Europe, ces animaux doivent posséder un passeport européen pour voyager et pour cela être vacciné contre la rage et identifié. Cette identification se fait obligatoirement à l'aide d'une Puce électronique sous-cutanée depuis le 4 juillet 2011[1]. Ce circuit intégré basé sur le principe de la radio-identification est généralement insérée au niveau de la gouttière jugulaire gauche de l'animal. Auparavant l'identification était faite par tatouage.

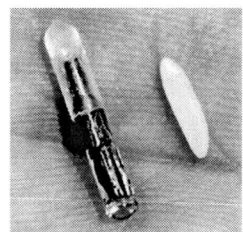
Puce électronique sous-cutanée (par RFID) implantée chez les carnivores domestiques et comparée avec un grain de riz

Oreille de chien tatouée (ce mode d'identification n'est plus valable depuis juillet 2011)

Espèces concernées

Sont inclus :
- Le chien, domestiqué au Paléolithique[2], est la première espèce animal à avoir été domestiquée par l'homme. Il est issu d'une longue cohabitation entre les loups et l'homme chassant les mêmes proies. Il est progressivement apprivoisé, puis domestiqué pour la chasse par les populations de chasseurs-cueilleurs préhistoriques.
- Le chat, domestiqué au VIe millénaire av. J.-C. et utilisé à l'origine pour chasser les rongeurs dans les lieux de stockage des céréales.
- Le furet, domestiqué au Ier millénaire av. J.-C. et utilisé à l'origine pour chasser les rongeurs dans les lieux de stockage des céréales ainsi que pour la chasse au lapin dans les terriers.

Chien militaire (U.S. Army)

Chat de race *Chartreux*

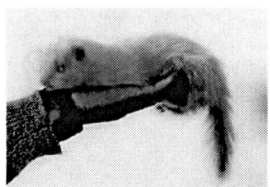
Furet Albinos

Codification RFID

Le code à quinze chiffres permet d'identifier chaque animal de manière unique, il est défini de la manière suivante :
- trois chiffre correspondant au code numérique pays selon la norme ISO 3166-1
- le numéro 26 pour préciser qu'il s'agit d'un carnivore domestique
- deux chiffres correspondant au code attribué au fabricant
- huit chiffres permettant d'obtenir un code national d'identification unique pour l'animal

Restrictions

Des restrictions au transit existent dans de nombreux pays, la plus répandu est celle qui concerne la circulation des chien dits « dangereux ». Selon le pays les chiens des types ou races suivantes ainsi que ceux qui leur sont assimilés peuvent être concernés :
- Akita Inu
- American Staffordshire Terrier
- Bandog
- Boerboel
- Bull Terrier
- Cane Corso
- Chien-loup de Saarloos
- Chien-loup tchécoslovaque
- Dogue Argentin
- Dogue de Bordeaux
- Fila Brasileiro
- Mastiff
- Pitbull
- Rottweiler
- Staffordshire Bull Terrier
- Tosa Inu

Le furets peuvent également se voir imposer des restrictions. Ainsi un furet ne peut séjourner au Portugal où il est considéré comme un animal de chasseur et chasser à l'aide d'un furet y est désormais interdit. Le furet est également interdit d'entrée en Australie où la prolifération de furets croisés avec des putois cause des dégâts à la faune locale.

Sources et références

[1] News-assurances.com - Assurance animale / Puce ou tatouage : Le point sur l'identification des chiens et des chats en 2011 (http://www.news-assurances.com/assurance-animale-puce-ou-tatouage-le-point-sur-lâindentification-des-chiens-et-des-chats-en-2011/016758002)

[2] About.com - Archaeology - Dog History How were Dogs Domesticated? By K. Kris Hirst (http://archaeology.about.com/od/domestications/qt/dogs.htm) - *Dog history has been studied recently using mitochondrial DNA, which suggests that wolves and dogs split into different species around 100,000 years ago...*
Plus anciens restes confirmés vieux de 31 700 ans : Germonpré M., Sablin M.V., Stevens R.E., Hedges R.E.M., Hofreiter M., Stiller M. and Jaenicke-Desprese V., 2009. Fossil dogs and wolves from Palaeolithic sites in Belgium, the Ukraine and Russia: osteometry, ancient DNA and stable isotopes. - Journal of Archaeological Science 2009, vol. 36, no2, pp. 473-490

Article Sources and Contributors

British_shorthair *Source*: http://fr.wikipedia.org/w/index.php?title=British_shorthair *Contributors*: A2, Abujoy, Addacat, Badmood, Bridupel, Britishcat, Britons, Calista, Camae, Cedrenchante, Chat chartreux, Duet Paris By Night, Estelle2602, GaMip, Gael13011, Hbbk, Hercule, Isaac Sanolnacov, Jmh, Juliettes, Lachaume, Laurent Nguyen, Lecoindubritish, Litlok, Lorca, Loveless, Loy Kratong, Lutralutra, Ma toux miolle, Mwarf, Necrid Master, Oxo, Playtime, Polmars, Ramadeus, Salix, StephT, Tavernier, Thibault Taillandier, TwoWings, Ygandalf, 46 anonymous edits

Chat *Source*: http://fr.wikipedia.org/w/index.php?title=Chat *Contributors*: 20100, AElfwine, Aadri, Abcheikh, Abracadabra, Abujoy, Accrochoc, Actarus Prince d'Euphor, Acélan, Addacat, Addoula, Adelesal, Adelina, Aggelon, Airair, Alain Schneider, Alain r, Alamandar, Albanoreau, Alchemica, Alexboom, Alfr, Alibaba, AlleyCat, Alno, Altr.fred, Alvaro, Anatole Coralien, Andre315, Andrea.gf, Antochka, Aoineko, Archeos, Ariel, Arkansis, Arnaud.Serander, Arnaudus, Arria Belli, Ascaron, Astirmays, Auseklis, Autokar, AuxNoisettes, Azurfrog, Badmood, Baffab, Barbe-sauvage, Baronnet, Basilou, Bastien Sens-Méyé, BeatrixBelibaste, Belladonna2, Bernard Déry, Bertrand Nantes, Bibi Saint-Pol, Bigomar, Bigor, BinX, Biozic, Blinking Spirit, Blufrog, Bob08, Bogros, Boigelot, Boism, Boréal, Bouette, Bouh75, Bouil, Bouteillermehdi, Bradipus, Bub's, CHeadP, CR, Caknuck, Calico, Calista, Cantons-de-l'Est, Carlotto, CaspianX, Catmen, Cdang, Cdiot, Cedrenchante, Chacal65, Cham, Chandres, Chaoborus, Charles68, Charlie Pinard, Cherry, Chl, Chmouel, Chris2rire, Christophe Marcheux, Chtfn, Ckempf, Clem23, Clicsouris, ColdFiel, CommonsDelinker, ComputerHotline, Cookinet, Coyau, Coyote du 86, Crouchineki, Cytr0n, Cédric Boissière, Cépey, Céréales Killer, Darkoneko, David Berardan, David Latapie, Davitof, Deadstar, Deep silence, Delhovlyn, Denys, Desaparecido, Desirebeast, Devna, Dhatier, Dhenry, Dimola, Dirac, Djibe89, DocteurCosmos, DotMG, Draky, Drenarde, Droopy, EDUCA33E, Edeluce, ElfeJediBiochimiste, Elfix, Eliott, Ellisllk, Eloben, EmmaR, Emmanuel, En rouge, Encyclonaut, Epita, Erasoft24, Escaladix, Esprit Fugace, Etenil, EyOne, Fabian123, Fabienamnet, Fabos, Fafnir, Fartyboardback2, Faschion-coco, Fenice, Ffx, Fhennyx, Fhtrufhd, Fimac, Floeticsoulchild, Flogab, Fluti, Flyerlevrai, FoeNyx, Frakir, Francois Trazzi, François-Karim, Funnyhat, Fylip22, Félix Potuit, GL, GaMip, Gal abir, Galistou, Garfieldairlines, GdML, Gdgourou, Gede, Gene.arboit, Geoffroy Carrier, GiorgioDeChirico, Gloup gloup, Gm, Gnurou, Goku, Gonioul, Gordjazz, Graoully, Greudin, GreyDragon, Gribeco, Grim Reaper, Grimlock, Grondilu, Grondin, Gronico, Grook Da Oger, Guaka, Guillaume 1995, Guillom, Guymartin1, Guérin Nicolas, Gz260, HERMAPHRODITE, Hano Nymes, Harmony59, Hashar, Hautbois, Hauteveine87, Head, Heahel, Helkljinn, Hemmer, Hercule, Hopea, Hophidie, Hthouzard, Hurricanefan25, Hégésippe Cormier, IAlex, Ico, Igel 14, Illuminator, Iluvalar, Indigobleu, Ingried, Inisheer, Isaac Sanolnacov, Isabelle S., Ivanoff, JB, JLM, Jackglandu, Jamian, Jamic, Jarfe, Jastrow, Jborme, Jean philippe1234, Jean-Baptiste, Jean-Jacques Georges, Jean-Pol GRANDMONT, Jeanot, Jeffdelonge, JeremD, Jiefsound, Jjackoti, Jloriaux, JmCor, Jmfayard, Jmh, Jplm, Julianortega, Juliettes, Justelipse, Jybet, Jymm, Kalbelaphand, Karl1263, Katepanomegas, Kelson, Kennedy, Khamaileon, Kikigrise, Konstantinos, Korg, Kormin, Kundin, Kyle the hacker, L'Oursonne, LTRletriorigolo, LUDOVIC, La pinte, La-ptite-momo, Labiloute, Lacrymocéphale, Ladonne, LairepoNite, Lamiot, Lastpixl, Lauranne, Laurent Nguyen, Leag, Lechat, LeftEye, Leodekri, LeonardoRob0t, Lgd, Like tears in rain, Lilyu, Lincruste, Linguiste, Line1, Lithium57, Litlok, Lmaltier, Lomita, Looxix, Loreline, Ludo29, Lusciunusbenedilus, Léopard-35, M-le-mot-dit, MG, Ma toux miolle, Maboko, MagnetiK, Maloq, Malta, Man vyi, Manchot, Manukahn, Marc Mongenet, Marie Mai, Markadet, Marscion, Matpib, Maurilbert, Maxlelubre, Med, Melendil, MetalGearLiquid, Michel BUZE, Michel d'Auge, Mikefuhr, Mikelas, Milena, Minou85, Mirgolth, Mirlitone, Mj971, Moniaklisa, Monsieur Fou, Montrealais, Moumine, Moumousse13, Moyogo, Mu, Mutatis mutandis, Mzelle Laure, Nakor, Nanane307, Nanoxyde, Nataraja, Necrid Master, Negon, Nephtys, Nicnac25, NicoRay, NicoV, Nicoboy1973, Nicolas Ray, Nicolashag, Nicox, Nie, Nipisiquit, Nono64, Norris, Oblic, Oliezekat, Olivier2000, OlivierG2, Ollamh, Olybrius, Orikrin1998, Orthogaffe, Otets, Oz, Pabix, Padawane, Pallas4, Panda rouge, Panoramix, Paola Ole, Pasconi, Passepeur, Patch051, Paternel 1, Patrice Létourneau, Pemelet, Pepitoutcourt, Peter 111, Petitemontagnedujura, Petitlogin, Pfinge, Pfv2, Phe, PhiX, Piaf, PieRRoMaN, PierrotM, Piku, Pixeltoo, Pmpmpm, Pontauxchats, Popolon, Pretenderrs, Pseudomoi, Pulsar, Punx, Quinen, Qwerty-3000, Racconish, Ragnald, Rangzen, Rapcat, Raph, Ratabrune, Rawet05, Raziel, Redmlm, Regisrémoise, Remi, Respect05, Rhadamante, Rhizome, Riba, Richardbl, RichdeLim, Rmigneron, Rosinette, Roux-miaou, Rozo, Rundvald, Rune Obash, Ryo, Rémih, SB Johnny, Salix, Salsero35, Samuelsg, Sanao, Santerref, Sapin88, Sardur, Schiste, Seb35, Seb65, Sebastienr, Sebisn, Sebleouf, Semnoz, Sephiroth669, Serein, Serged, Setois3, Sevf, Shakki, Sherbrooke, ShreCk, Siren, Sisyph, Sixsous, Ske, Skull33, Sky3RN, Slach, Solensean, Solveig, Solène, SoniaJ, Soued031, Sourd33, Space1889, Spedona, Srtxg, Stanlekub, Ste281, Stéphane33, Supermike222, Surveyor, Suziecat, Swoke, Tarquin, Tatou01, Taveneaux, Tavernier, Technologie101, Th-fur-immer, ThF, The RedBurn, TheButcher, Theo777, Theon, Thrain, Tibauk, TigH, Tinouille, Tognopop, Tompagenet, Tomtom63, Tornad, Totodu74, TouN, Trassiorf, Travertin, Treanna, Trebarruna, TyPhOn99, Tze, Uncommon, Urban, VIGNERON, Vader666, Valérie75, Vargenau, Vdwiki, Veilleur, Ventnocturne, Vincen, Vincent Ramos, Vincenzol, Vincnet, Violaine2, Vlaam, VonTasha, Wagaf-d, Wanderer999, Wazouille, Weft, Widar, Wiki-tala, WikiDreamer, Wikisoft*, Xavier M., Xavstarblues, Xofc, YSidlo, Yelkrokoyade, Youssefsan, Yug, Z653z, Zandr4, Zebra zebra, Zejames, Zelda, Zetud, Zouavman Le Zouave, Zubro, Zutroy, Zyzomys, ~Pyb, Émeric, Σ∵茫, 610 anonymous edits

Chat_de_gouttière *Source*: http://fr.wikipedia.org/w/index.php?title=Chat_de_goutti%C3%A8re *Contributors*: ADM, Abracadabra, Abujoy, Airevspin, Archidoxe, Asram, Badmood, Calista, Cantons-de-l'Est, Dirt-biker, Duet Paris By Night, Fandecaisses, Hercule, Hégésippe Cormier, JLM, Jerome pi, Juliettes, Litlok, Manuguf, Mayayu, Melindaoba, MetalGearLiquid, Pj44300, Pulsar, Salix, Silex6, Skiff, Stanlekub, Wikinade, Yf, 12 anonymous edits

Élevage_félin *Source*: http://fr.wikipedia.org/w/index.php?title=%C3%89levage_f%C3%A9lin *Contributors*: Abujoy, Badmood, Calista, Chouca, Eponimm, Goudron92, Hercule, Isaac Sanolnacov, Like tears in rain, Salix, Skogkatt norvegien, TigH, 2 anonymous edits

Exposition_féline *Source*: http://fr.wikipedia.org/w/index.php?title=Exposition_f%C3%A9line *Contributors*: Badmood, Bergman Bergman, Calista, Chouca, Dhatier, Hercule, Milena, Salix, Séb du 42, Vantey, VonTasha, Zetud, 7 anonymous edits

Bleu_russe *Source*: http://fr.wikipedia.org/w/index.php?title=Bleu_russe *Contributors*: Abujoy, AlleyCat, Anaemaeth, Bboubou, Birdie, Bpat, Calista, Camae, CommonsDelinker, Duet Paris By Night, Hercule, Hégésippe Cormier, Jastrow, Juliettes, Luix, Ma toux miolle, Ma'ame Michu, Mafiou44, Meissen, Milena, Neumeiko, Nicolas Ray, Pinkpeach, Playtime, Plefarge, Rémih, Sebjarod, Thibault Taillandier, Totodu74, Ælfgar, 26 anonymous edits

Burmese *Source*: http://fr.wikipedia.org/w/index.php?title=Burmese *Contributors*: Abujoy, Aoineko, Badmood, Bedivere, Calista, Camae, Céréales Killer, Deep silence, Duet Paris By Night, Décapitation, FleurOccitane, Francois Trazzi, Hercule, Huster, Jerome66, Juliettes, Lachaume, Leag, Ma toux miolle, Ma'ame Michu, Milena, Morphypnos, Pj44300, Playtime, Rémih, Shakti, Symac, Séb du 42, Thibault Taillandier, Totodu74, 15 anonymous edits

Chartreux_(chat) *Source*: http://fr.wikipedia.org/w/index.php?title=Chartreux_%28chat%29 *Contributors*: 24 Min., A2, Abujoy, Addacat, Alphatwo, Anthilys, Axelap, Azurfrog, Badmood, BeatrixBelibaste, Ben23, Calista, Camae, Carlotto, Catmen, Catschlum, Cfranck78, Chat chartreux, CommonsDelinker, DainDwarf, Damameri, Dhatier, Didjeridoo, Duet Paris By Night, Elise.deguerny, Esprit Fugace, Foxandpotatoes, Francois Trazzi, Gegeours, Gemini1980, Hbbk, Hercule, Herr Satz, Hexasoft, Hégésippe Cormier, InXtremis, Isaac Sanolnacov, JB, JackPotte, Jamcib, Jean-Pol GRANDMONT, Jeans, Jperrez, Juliettes, Kelson, Kyro, LAURU, Lachaume, Laurencebarreau, Laurent Nguyen, Leag, Litlok, Ludo29, Ma toux miolle, Ma'ame Michu, Marmotte1965, MicroCitron, Mikis, Mj971, Morphypnos, Mu, Neumeiko, Nono64, Orphée, Playtime, Riba, Roucas, Sardur, Sebjarod, Sherbrooke, Slasher-fun, Suzanne54, Séb du 42, Thibault Taillandier, TitiFortu, Totodu74, Touriste, Vincnet, Weft, Zielbergstein, 59 anonymous edits

Chat_à_poil_long *Source*: http://fr.wikipedia.org/w/index.php?title=Chat_%C3%A0_poil_long *Contributors*: Abujoy, Cantons-de-l'Est, Ediacara, Leag

Felidae *Source*: http://fr.wikipedia.org/w/index.php?title=Felidae *Contributors*: 120, A2, Abujoy, Alno, Ancalagon, Arria Belli, Askedonty, B.navez, Baf, Baffab, Bibi Saint-Pol, Bloody-libu, Bobby, Chaps the idol, Chmlal, Chris a liege, Chtfn, Clementy, CommonsDelinker, Crouchineki, Céréales Killer, DainDwarf, Decasyllabe, Deep silence, Dhatier, Dirac, DocteurCosmos, Délirius, Elfix, Elvire, En rouge, Erasmus, Fabien1309, Ffx, Gdgourou, Grook Da Oger, Hashar, Hexasoft, IAlex, Inzemoo, Ixnay, Jean-Christophe BENOIST, Jeanboyer, Jeffdelonge, Jerome66, Jmourgue, Kelson, Kimndime, Korg, Koxinga, Lamiot, Laurent Nguyen, Leochokola, Line1, Lithium57, Looxix, Louperivois, Léopard-35, Macassar, Madlozoz, MetalGearLiquid, Milena, Mirgolth, Natmaka, Necrid Master, Nono64, Ollamh, Orel59, Otets, Oz, Panoramix, Pfinge, Phe, Phioul, Pixeltoo, Pool!nneee, Pulsar, PurpleHz, Riba, Richardbl, Romanc19s, Salix, Salsero35, Sam Hocevar, Samwaldahia, Sanao, Sardur, Shaihulud, Sherbrooke, Silex6, Siriann, Ske, Spedona, Srtxg, Strangeways, Sublime69, Suisui, Sumanitu, Sylveno, TCY, ThF, Totodu74, Valérie75, Velou, Vincent Lextrait, Vincnet, Vivarés, VonTasha, Weft, Yacc, Zandr4, ZeroJanvier, Zetud, script de conversion, 128 anonymous edits

Carnivore_domestique *Source*: http://fr.wikipedia.org/w/index.php?title=Carnivore_domestique *Contributors*: Monsieur Fou, Salix

Image Sources, Licenses and Contributors

Image: Cat silhouette.svg *Source*: http://fr.wikipedia.org/w/index.php?title=Fichier:Cat_silhouette.svg *License*: unknown *Contributors*: AVRS, Agenciu, Airelle, Booyabazooka, Esteban.barahona, J.delanoy, Mattes, Rocket000, Salix, Wasbeer, Wst, 2 anonymous edits

Image:Jack_Flash_blue_bicolour.jpg *Source*: http://fr.wikipedia.org/w/index.php?title=Fichier:Jack_Flash_blue_bicolour.jpg *License*: unknown *Contributors*: Pamela Lanigan (Cuddleton)

Fichier:Flag of England.svg *Source*: http://fr.wikipedia.org/w/index.php?title=Fichier:Flag_of_England.svg *License*: unknown *Contributors*: User:Nickshanks

Image:British Shorthair.jpg *Source*: http://fr.wikipedia.org/w/index.php?title=Fichier:British_Shorthair.jpg *License*: unknown *Contributors*: User:Nicole-Koehler

Fichier:El desdichado 5 semaines red (11).JPG *Source*: http://fr.wikipedia.org/w/index.php?title=Fichier:El_desdichado_5_semaines_red_(11).JPG *License*: unknown *Contributors*: User:Lecoindubritish

Fichier:Heccy.jpg *Source*: http://fr.wikipedia.org/w/index.php?title=Fichier:Heccy.jpg *License*: unknown *Contributors*: User:Mike weir

Image:Gtk-dialog-info.svg *Source*: http://fr.wikipedia.org/w/index.php?title=Fichier:Gtk-dialog-info.svg *License*: unknown *Contributors*: David Vignoni

Image:Collage of Six Cats-02.jpg *Source*: http://fr.wikipedia.org/w/index.php?title=Fichier:Collage_of_Six_Cats-02.jpg *License*: unknown *Contributors*: User:Howcheng

Image:Catskull.jpg *Source*: http://fr.wikipedia.org/w/index.php?title=Fichier:Catskull.jpg *License*: unknown *Contributors*: User:20100

Image:Cat claw closeup.jpg *Source*: http://fr.wikipedia.org/w/index.php?title=Fichier:Cat_claw_closeup.jpg *License*: unknown *Contributors*: User:Howcheng

File:Termografia kot.jpg *Source*: http://fr.wikipedia.org/w/index.php?title=Fichier:Termografia_kot.jpg *License*: unknown *Contributors*: Lcamtuf

Fichier:Scheme cat anatomy-fr.svg *Source*: http://fr.wikipedia.org/w/index.php?title=Fichier:Scheme_cat_anatomy-fr.svg *License*: unknown *Contributors*: User:Popolon, User:Surachit

Fichier:Chat mi-long.jpg *Source*: http://fr.wikipedia.org/w/index.php?title=Fichier:Chat_mi-long.jpg *License*: unknown *Contributors*: User:La pinte

Fichier:WhiteCat.jpg *Source*: http://fr.wikipedia.org/w/index.php?title=Fichier:WhiteCat.jpg *License*: unknown *Contributors*: Original uploader was Icebooter at en.wikipedia Later versions were uploaded by JamesWeb, Pd THOR, Bean2020, Balls187, Persian Poet Gal at en.wikipedia.

Fichier:Catpupil03042006.jpg *Source*: http://fr.wikipedia.org/w/index.php?title=Fichier:Catpupil03042006.jpg *License*: unknown *Contributors*: User:Miskatonic

Fichier:Reflektion des Auges.JPG *Source*: http://fr.wikipedia.org/w/index.php?title=Fichier:Reflektion_des_Auges.JPG *License*: unknown *Contributors*: Sepple

Fichier:Detalhe nariz Osk.jpg *Source*: http://fr.wikipedia.org/w/index.php?title=Fichier:Detalhe_nariz_Osk.jpg *License*: unknown *Contributors*: User:Trebaruna

Image:Submissive cat.jpg *Source*: http://fr.wikipedia.org/w/index.php?title=Fichier:Submissive_cat.jpg *License*: unknown *Contributors*: User:Deep silence

Image:Gato_enervado_pola_presencia_dun_can.jpg *Source*: http://fr.wikipedia.org/w/index.php?title=Fichier:Gato_enervado_pola_presencia_dun_can.jpg *License*: unknown *Contributors*: Dodo, DragonflySixtyseven, FleetCommand, Furrykef, Kelly, Lmbuga, NeverDoING, Salix, Strangerer, Álvaro M, 1 anonymous edits

Image:Rhodes city wall hg.jpg *Source*: http://fr.wikipedia.org/w/index.php?title=Fichier:Rhodes_city_wall_hg.jpg *License*: unknown *Contributors*: User:Hgrobe

Image:Circle question mark.png *Source*: http://fr.wikipedia.org/w/index.php?title=Fichier:Circle_question_mark.png *License*: unknown *Contributors*: User:Benoit Rochon

Fichier:Sleeping-cat.gif *Source*: http://fr.wikipedia.org/w/index.php?title=Fichier:Sleeping-cat.gif *License*: unknown *Contributors*: Aushulz, Darkone, FML, Fernando Estel, Jeanot, Johney, Jorva, Kersti Nebelsiek, Merlin G., Salix, Stefan-Xp, 1 anonymous edits

Fichier:Chatte-arbre5.jpg *Source*: http://fr.wikipedia.org/w/index.php?title=Fichier:Chatte-arbre5.jpg *License*: unknown *Contributors*: User:Rundvald

Fichier:Fresh cat feces.JPG *Source*: http://fr.wikipedia.org/w/index.php?title=Fichier:Fresh_cat_feces.JPG *License*: unknown *Contributors*: User:BrokenSphere

Image:chat-affut.JPG *Source*: http://fr.wikipedia.org/w/index.php?title=Fichier:Chat-affut.JPG *License*: unknown *Contributors*: perso

Image:Ocicat-woodpecker.jpg *Source*: http://fr.wikipedia.org/w/index.php?title=Fichier:Ocicat-woodpecker.jpg *License*: unknown *Contributors*: User:ToB

Image:Predatorycat ubt.jpeg *Source*: http://fr.wikipedia.org/w/index.php?title=Fichier:Predatorycat_ubt.jpeg *License*: unknown *Contributors*: Andrew.Lorenzs, Helix84, Mattes, Quadell, Salix, Tsca, 1 anonymous edits

Image:Charline2.jpg *Source*: http://fr.wikipedia.org/w/index.php?title=Fichier:Charline2.jpg *License*: unknown *Contributors*: Stephanb, uploaded by Hwman

Image:Three-hour-old-kitten.jpg *Source*: http://fr.wikipedia.org/w/index.php?title=Fichier:Three-hour-old-kitten.jpg *License*: unknown *Contributors*: Abujoy, Man vyi, Mrmiscellanious

Image:Six weeks old cat (aka).jpg *Source*: http://fr.wikipedia.org/w/index.php?title=Fichier:Six_weeks_old_cat_(aka).jpg *License*: unknown *Contributors*: User:Aka

Fichier:Feline food allergy.jpg *Source*: http://fr.wikipedia.org/w/index.php?title=Fichier:Feline_food_allergy.jpg *License*: unknown *Contributors*: User:Caroldermoid

Fichier:Cat chip2.jpg *Source*: http://fr.wikipedia.org/w/index.php?title=Fichier:Cat_chip2.jpg *License*: unknown *Contributors*: User:Izvora

Fichier:Brehms Het Leven der Dieren Zoogdieren Orde 4 Huiskat (Felis maniculata domestica).jpg *Source*: http://fr.wikipedia.org/w/index.php?title=Fichier:Brehms_Het_Leven_der_Dieren_Zoogdieren_Orde_4_Huiskat_(Felis_maniculata_domestica).jpg *License*: unknown *Contributors*: A. E. Brehm

Fichier:Cat mosaic.JPG *Source*: http://fr.wikipedia.org/w/index.php?title=Fichier:Cat_mosaic.JPG *License*: unknown *Contributors*: User:Finizio

Fichier:Freyja and cats and angels by Blommer.jpg *Source*: http://fr.wikipedia.org/w/index.php?title=Fichier:Freyja_and_cats_and_angels_by_Blommer.jpg *License*: unknown *Contributors*: Darwinius, Duschgeldrache2, Holt, MU, Mattes, MichaelPhilip, Mr Bullitt, Pfctdayelise, Sigo, Uld, Xenophon

Fichier:Tiddles cat.jpg *Source*: http://fr.wikipedia.org/w/index.php?title=Fichier:Tiddles_cat.jpg *License*: unknown *Contributors*: Parnall, C H (Lt), Royal Navy official photographer

File:Stuffed maneki neko by OiMax in Ginza, Tokyo.jpg *Source*: http://fr.wikipedia.org/w/index.php?title=Fichier:Stuffed_maneki_neko_by_OiMax_in_Ginza,_Tokyo.jpg *License*: unknown *Contributors*: Dodo, FlickreviewR, Infrogmation, Opponent, William Avery

File:The Goblins' Christmas.gif *Source*: http://fr.wikipedia.org/w/index.php?title=Fichier:The_Goblins'_Christmas.gif *License*: unknown *Contributors*: Alexander Sharp, Illustrator.

Fichier:Perronneau Magdaleine Pinceloup de la Grange p1000571.jpg *Source*: http://fr.wikipedia.org/w/index.php?title=Fichier:Perronneau_Magdaleine_Pinceloup_de_la_Grange_p1000571.jpg *License*: unknown *Contributors*: Abujoy, Beria, ComputerHotline, Concord, David.Monniaux, Ecummenic, Kilom691, MU, Mu, Olybrius, Pierpao, Pitke, Sailko, Shakko, Thorvaldsson, Wmpearl, 1 anonymous edits

Fichier:100 views edo 101.jpg *Source*: http://fr.wikipedia.org/w/index.php?title=Fichier:100_views_edo_101.jpg *License*: unknown *Contributors*: Benzoyl, Cadastral, Dan8700, Howcheng, Jmho, OceanSound, Pieter Kuiper, Sammyday, Tak1701d

Fichier:De Alice's Abenteuer im Wunderland Carroll pic 23 edited 1 of 2.png *Source*: http://fr.wikipedia.org/w/index.php?title=Fichier:De_Alice's_Abenteuer_im_Wunderland_Carroll_pic_23_edited_1_of_2.png *License*: unknown *Contributors*: Lewis Carroll

Fichier:Krazy Kat panel.jpg *Source*: http://fr.wikipedia.org/w/index.php?title=Fichier:Krazy_Kat_panel.jpg *License*: unknown *Contributors*: Original uploader was Andrewlevine at en.wikipedia

Fichier:Me-Ow1918.jpeg *Source*: http://fr.wikipedia.org/w/index.php?title=Fichier:Me-Ow1918.jpeg *License*: unknown *Contributors*: Alton, Infrogmation, Man vyi

Fichier:Grandville Cent Proverbes page65.png *Source*: http://fr.wikipedia.org/w/index.php?title=Fichier:Grandville_Cent_Proverbes_page65.png *License*: unknown *Contributors*: Granville (Jean-Ignace-Isidore Gérard)

Image:Silverwiki 2.png *Source*: http://fr.wikipedia.org/w/index.php?title=Fichier:Silverwiki_2.png *License*: unknown *Contributors*: User:Rei-artur, User:Sting

Image:Bauernkatze.jpg *Source*: http://fr.wikipedia.org/w/index.php?title=Fichier:Bauernkatze.jpg *License*: unknown *Contributors*: User:Melkom

Image:Long-haired tortoiseshell DSCF0193.JPG *Source*: http://fr.wikipedia.org/w/index.php?title=Fichier:Long-haired_tortoiseshell_DSCF0193.JPG *License*: unknown *Contributors*: Dieter Simon

File:European shorthair male KM-PIROK cat show Tampere 2008-10-04.JPG *Source*: http://fr.wikipedia.org/w/index.php?title=Fichier:European_shorthair_male_KM-PIROK_cat_show_Tampere_2008-10-04.JPG *License*: unknown *Contributors*: Abujoy

Image:Steinlein-chatnoir.jpg *Source*: http://fr.wikipedia.org/w/index.php?title=Fichier:Steinlein-chatnoir.jpg *License*: unknown *Contributors*: Abujoy, David.Monniaux, DutchHoratius, Howcheng, Jarekt, Kilom691, Ml.Watts, Mattes, Paris 16, Raymond, Serged, Simonxag, Trisku, 2 anonymous edits

Image:Domestic cat cropped.jpg *Source*: http://fr.wikipedia.org/w/index.php?title=Fichier:Domestic_cat_cropped.jpg *License*: unknown *Contributors*: Tilo Hauke, Germany

Image:Greece-Cat.jpg *Source*: http://fr.wikipedia.org/w/index.php?title=Fichier:Greece-Cat.jpg *License*: unknown *Contributors*: CalistaZ, Cédric Boissière, Enochlau, Salix, Saperaud, Tango7174, 1 anonymous edits

Image:Cat Zwerver in the garden.JPG *Source*: http://fr.wikipedia.org/w/index.php?title=Fichier:Cat_Zwerver_in_the_garden.JPG *License*: unknown *Contributors*: Original uploader was Harm@frielink.net at en.wikipedia

Image Sources, Licenses and Contributors

Image:Cat mouse 2.jpg *Source*: http://fr.wikipedia.org/w/index.php?title=Fichier:Cat_mouse_2.jpg *License*: unknown *Contributors*: User:Klarissa
Image:Bicolor kitten.jpg *Source*: http://fr.wikipedia.org/w/index.php?title=Fichier:Bicolor_kitten.jpg *License*: unknown *Contributors*: User:CalistaZ
Image:Cat-eating-prey.jpg *Source*: http://fr.wikipedia.org/w/index.php?title=Fichier:Cat-eating-prey.jpg *License*: unknown *Contributors*: User:MarkMarek
Image:Coca-cat.jpg *Source*: http://fr.wikipedia.org/w/index.php?title=Fichier:Coca-cat.jpg *License*: unknown *Contributors*: Benzoyl, FlickrLickr, FlickreviewR, Nilfanion, Pitke, Prskavka, Salix
Image:Rotze Bert.jpg *Source*: http://fr.wikipedia.org/w/index.php?title=Fichier:Rotze_Bert.jpg *License*: unknown *Contributors*: User:Master jay 18
Image:Cuccioli-iside-2007-05.jpg *Source*: http://fr.wikipedia.org/w/index.php?title=Fichier:Cuccioli-iside-2007-05.jpg *License*: unknown *Contributors*: Original uploader was Claudiabirmani at it.wikipedia
Image:MTP Cat Show 2230102.JPG *Source*: http://fr.wikipedia.org/w/index.php?title=Fichier:MTP_Cat_Show_2230102.JPG *License*: unknown *Contributors*: Krzysiu "Jarzyna" Szymański
Image:MTP Cat Show 2230159.JPG *Source*: http://fr.wikipedia.org/w/index.php?title=Fichier:MTP_Cat_Show_2230159.JPG *License*: unknown *Contributors*: Krzysiu "Jarzyna" Szymański
Image:Katzenausstellung.jpg *Source*: http://fr.wikipedia.org/w/index.php?title=Fichier:Katzenausstellung.jpg *License*: unknown *Contributors*: User:Martin Bahmann
Image:4Singapura.jpg *Source*: http://fr.wikipedia.org/w/index.php?title=Fichier:4Singapura.jpg *License*: unknown *Contributors*: User:Milena7
Image:MTP Cat Show 2230019.JPG *Source*: http://fr.wikipedia.org/w/index.php?title=Fichier:MTP_Cat_Show_2230019.JPG *License*: unknown *Contributors*: Krzysiu "Jarzyna" Szymański
Fichier:Russian_Blue_001.gif *Source*: http://fr.wikipedia.org/w/index.php?title=Fichier:Russian_Blue_001.gif *License*: unknown *Contributors*: ruskis
Fichier:Flag of Russia.svg *Source*: http://fr.wikipedia.org/w/index.php?title=Fichier:Flag_of_Russia.svg *License*: unknown *Contributors*: Zscout370
Fichier:RussianBlueCat.jpg *Source*: http://fr.wikipedia.org/w/index.php?title=Fichier:RussianBlueCat.jpg *License*: unknown *Contributors*: Jeanot, Nordelch, Prskavka, Romanm
Fichier:Russian blue cat.jpg *Source*: http://fr.wikipedia.org/w/index.php?title=Fichier:Russian_blue_cat.jpg *License*: unknown *Contributors*: Own work
Image:Burmakatze-chocolate.JPG *Source*: http://fr.wikipedia.org/w/index.php?title=Fichier:Burmakatze-chocolate.JPG *License*: unknown *Contributors*: User:Earth68
Fichier:Flag of Thailand.svg *Source*: http://fr.wikipedia.org/w/index.php?title=Fichier:Flag_of_Thailand.svg *License*: unknown *Contributors*: User:Zscout370
Fichier:Соболиный бурманский кот.jpg *Source*: http://fr.wikipedia.org/w/index.php?title=Fichier:Соболиный_бурманский_кот.jpg *License*: unknown *Contributors*: Валерий Синицын
File:Бурманская кошка голубого окраса.jpg *Source*: http://fr.wikipedia.org/w/index.php?title=Fichier:Бурманская_кошка_голубого_окраса.jpg *License*: unknown *Contributors*: Валерий Синицын
Fichier:Chartreux-Bonheur-nuits indiennes-neige2009.jpg *Source*: http://fr.wikipedia.org/w/index.php?title=Fichier:Chartreux-Bonheur-nuits_indiennes-neige2009.jpg *License*: unknown *Contributors*: Clarisse VINOT
Fichier:Flag of France.svg *Source*: http://fr.wikipedia.org/w/index.php?title=Fichier:Flag_of_France.svg *License*: unknown *Contributors*: (de) (en)
Fichier:Carl von Linné.jpg *Source*: http://fr.wikipedia.org/w/index.php?title=Fichier:Carl_von_Linné.jpg *License*: unknown *Contributors*: Goombah, Kaganer, Limulus, MichaelPhilip, Shakko, Slarre, Thuresson, Tommy Kronkvist, Urbourbo, Väsk, 3 anonymous edits
Fichier:Echter Kartäuser2.jpg *Source*: http://fr.wikipedia.org/w/index.php?title=Fichier:Echter_Kartäuser2.jpg *License*: unknown *Contributors*: Original uploader was Evil woolf78 at de.wikipedia (Original text : Wolfgang Steinkläubl, w.steinklaeubl@inode.at)
Fichier:Chatons Chartreux.jpg *Source*: http://fr.wikipedia.org/w/index.php?title=Fichier:Chatons_Chartreux.jpg *License*: unknown *Contributors*: User:Gegeours
Fichier:Certosino e cuccioli.jpg *Source*: http://fr.wikipedia.org/w/index.php?title=Fichier:Certosino_e_cuccioli.jpg *License*: unknown *Contributors*: Original uploader was Alexvirtualweb at it.wikipedia
Fichier:Nagee cat.jpg *Source*: http://fr.wikipedia.org/w/index.php?title=Fichier:Nagee_cat.jpg *License*: unknown *Contributors*: Oliver-Bonjoch
Image:Tiger-zoologie.de0001 22.JPG *Source*: http://fr.wikipedia.org/w/index.php?title=Fichier:Tiger-zoologie.de0001_22.JPG *License*: unknown *Contributors*: User:Babirusa
Fichier:Smilodon californicus.jpg *Source*: http://fr.wikipedia.org/w/index.php?title=Fichier:Smilodon_californicus.jpg *License*: unknown *Contributors*: User:Postdlf
Fichier:Felis catus-skull-drawing.jpg *Source*: http://fr.wikipedia.org/w/index.php?title=Fichier:Felis_catus-skull-drawing.jpg *License*: unknown *Contributors*: Jeanot, Kersti Nebelsiek, Pengo, Petwoe, Ranveig, Salix, Wst
Fichier:Ojo de gata trim.jpg *Source*: http://fr.wikipedia.org/w/index.php?title=Fichier:Ojo_de_gata_trim.jpg *License*: unknown *Contributors*: User:Cratón
Fichier:Amur Tiger Panthera tigris altaica Eye 2112px.jpg *Source*: http://fr.wikipedia.org/w/index.php?title=Fichier:Amur_Tiger_Panthera_tigris_altaica_Eye_2112px.jpg *License*: unknown *Contributors*: Photo (c)2007 Derek and Julie Ramsey (Ram-Man)
Fichier:Cat tongue macro.jpg *Source*: http://fr.wikipedia.org/w/index.php?title=Fichier:Cat_tongue_macro.jpg *License*: unknown *Contributors*: Binnette, Dcljr, FlickreviewR, Jorva, MU, Madprime, Man vyi, Morning Sunshine, SakJur, Salix, Tldtld, 2 anonymous edits
Fichier:Panthera tigris amoyensis.jpg *Source*: http://fr.wikipedia.org/w/index.php?title=Fichier:Panthera_tigris_amoyensis.jpg *License*: unknown *Contributors*: Abujoy, Jat, Taragui, Winterkind, Wst
Fichier:Puma concolor paw.jpg *Source*: http://fr.wikipedia.org/w/index.php?title=Fichier:Puma_concolor_paw.jpg *License*: unknown *Contributors*: Rich Beausoleil, WDFW
Fichier:Schema griffe retractile.jpg *Source*: http://fr.wikipedia.org/w/index.php?title=Fichier:Schema_griffe_retractile.jpg *License*: unknown *Contributors*: User:Abujoy
Fichier:Cheetah in Kenya.jpg *Source*: http://fr.wikipedia.org/w/index.php?title=Fichier:Cheetah_in_Kenya.jpg *License*: unknown *Contributors*: User:Quadell
Fichier:Megantereon cultridens.jpg *Source*: http://fr.wikipedia.org/w/index.php?title=Fichier:Megantereon_cultridens.jpg *License*: unknown *Contributors*: frank wouters
Fichier:Clouded leopard.jpg *Source*: http://fr.wikipedia.org/w/index.php?title=Fichier:Clouded_leopard.jpg *License*: unknown *Contributors*: Vearl Brown
Fichier:Serval in Tanzania.jpg *Source*: http://fr.wikipedia.org/w/index.php?title=Fichier:Serval_in_Tanzania.jpg *License*: unknown *Contributors*: Self
Fichier:Microchip rfid rice.jpg *Source*: http://fr.wikipedia.org/w/index.php?title=Fichier:Microchip_rfid_rice.jpg *License*: unknown *Contributors*: Light Warrior
File:Greyhound right ear tattoo.jpg *Source*: http://fr.wikipedia.org/w/index.php?title=Fichier:Greyhound_right_ear_tattoo.jpg *License*: unknown *Contributors*: User:Fluffernutter
Fichier:US Army 53732 CAMP TAJI, Iraq - Sgt. Danielle Jennings of Princeton, Ill., offers a cool drink of water to her military working dog, Block, during a key leader engagement at the Tarmiyah Council meeting, here, Oct.jpg *Source*: http://fr.wikipedia.org/w/index.php?title=Fichier:US_Army_53732_CAMP_TAJI,_Iraq_-_Sgt._Danielle_Jennings_of_Princeton,_Ill.,_offers_a_cool_drink_of_water_to_her_military_working_dog,_Block,_during_a_key_ *License*: unknown *Contributors*: Bahamut0013, Benchill, Klemen Kocjancic, Ranveig, 1 anonymous edits
Fichier:Vladimir fev2006 007.jpg *Source*: http://fr.wikipedia.org/w/index.php?title=Fichier:Vladimir_fev2006_007.jpg *License*: unknown *Contributors*: Elise.deguerny, Kilom691
Fichier:Mustela putorius furo on hand.jpg *Source*: http://fr.wikipedia.org/w/index.php?title=Fichier:Mustela_putorius_furo_on_hand.jpg *License*: unknown *Contributors*: User:Lucyin

GNU Free Documentation License Version 1.2, November 2002 Copyright (C) 2000,2001,2002 Free Software Foundation, Inc. 59 Temple Place, Suite 330, Boston, MA 02111-1307 USA Everyone is permitted to copy and distribute verbatim copies of this license document, but changing it is not allowed.

0. PREAMBLE
The purpose of this License is to make a manual, textbook, or other functional and useful document "free" in the sense of freedom: to assure everyone the effective freedom to copy and redistribute it, with or without modifying it, either commercially or noncommercially. Secondarily, this License preserves for the author and publisher a way to get credit for their work, while not being considered responsible for modifications made by others. This License is a kind of "copyleft", which means that derivative works of the document must themselves be free in the same sense. It complements the GNU General Public License, which is a copyleft license designed for free software. We have designed this License in order to use it for manuals for free software, because free software needs free documentation: a free program should come with manuals providing the same freedoms that the software does. But this License is not limited to software manuals; it can be used for any textual work, regardless of subject matter or whether it is published as a printed book. We recommend this License principally for works whose purpose is instruction or reference.

1. APPLICABILITY AND DEFINITIONS
This License applies to any manual or other work, in any medium, that contains a notice placed by the copyright holder saying it can be distributed under the terms of this License. Such a notice grants a world-wide, royalty-free license, unlimited in duration, to use that work under the conditions stated herein. The "Document", below, refers to any such manual or work. Any member of the public is a licensee, and is addressed as "you". You accept the license if you copy, modify or distribute the work in a way requiring permission under copyright law. A "Modified Version" of the Document means any work containing the Document or a portion of it, either copied verbatim, or with modifications and/or translated into another language. A "Secondary Section" is a named appendix or a front-matter section of the Document that deals exclusively with the relationship of the publishers or authors of the Document to the Document's overall subject (or to related matters) and contains nothing that could fall directly within that overall subject. (Thus, if the Document is in part a textbook of mathematics, a Secondary Section may not explain any mathematics.) The relationship could be a matter of historical connection with the subject or with related matters, or of legal, commercial, philosophical, ethical or political position regarding them. The "Invariant Sections" are certain Secondary Sections whose titles are designated, as being those of Invariant Sections, in the notice that says that the Document is released under this License. If a section does not fit the above definition of Secondary then it is not allowed to be designated as Invariant. The Document may contain zero Invariant Sections. If the Document does not identify any Invariant Sections then there are none. The "Cover Texts" are certain short passages of text that are listed, as Front-Cover Texts or Back-Cover Texts, in the notice that says that the Document is released under this License. A Front-Cover Text may be at most 5 words, and a Back-Cover Text may be at most 25 words. A "Transparent" copy of the Document means a machine-readable copy, represented in a format whose specification is available to the general public, that is suitable for revising the document straightforwardly with generic text editors or (for images composed of pixels) generic paint programs or (for drawings) some widely available drawing editor, and that is suitable for input to text formatters or for automatic translation to a variety of formats suitable for input to text formatters. A copy made in an otherwise Transparent file format whose markup, or absence of markup, has been arranged to thwart or discourage subsequent modification by readers is not Transparent. An image format is not Transparent if used for any substantial amount of text. A copy that is not "Transparent" is called "Opaque". Examples of suitable formats for Transparent copies include plain ASCII without markup, Texinfo input format, LaTeX input format, SGML or XML using a publicly available DTD, and standard-conforming simple HTML, PostScript or PDF designed for human modification. Examples of transparent image formats include PNG, XCF and JPG. Opaque formats include proprietary formats that can be read and edited only by proprietary word processors, SGML or XML for which the DTD and/or processing tools are not generally available, and the machine-generated HTML, PostScript or PDF produced by some word processors for output purposes only. The "Title Page" means, for a printed book, the title page itself, plus such following pages as are needed to hold, legibly, the material this License requires to appear in the title page. For works in formats which do not have any title page as such, "Title Page" means the text near the most prominent appearance of the work's title, preceding the beginning of the body of the text. A section "Entitled XYZ" means a named subunit of the Document whose title either is precisely XYZ or contains XYZ in parentheses following text that translates XYZ in another language. (Here XYZ stands for a specific section name mentioned below, such as "Acknowledgements", "Dedications", "Endorsements", or "History".) To "Preserve the Title" of such a section when you modify the Document means that it remains a section "Entitled XYZ" according to this definition. The Document may include Warranty Disclaimers next to the notice which states that this License applies to the Document. These Warranty Disclaimers are considered to be included by reference in this License, but only as regards disclaiming warranties: any other implication that these Warranty Disclaimers may have is void and has no effect on the meaning of this License.

2. VERBATIM COPYING
You may copy and distribute the Document in any medium, either commercially or noncommercially, provided that this License, the copyright notices, and the license notice saying this License applies to the Document are reproduced in all copies, and that you add no other conditions whatsoever to those of this License. You may not use technical measures to obstruct or control the reading or further copying of the copies you make or distribute. However, you may accept compensation in exchange for copies. If you distribute a large enough number of copies you must also follow the conditions in section 3. You may also lend copies, under the same conditions stated above, and you may publicly display copies.

3. COPYING IN QUANTITY
If you publish printed copies (or copies in media that commonly have printed covers) of the Document, numbering more than 100, and the Document's license notice requires Cover Texts, you must enclose the copies in covers that carry, clearly and legibly, all these Cover Texts: Front-Cover Texts on the front cover, and Back-Cover Texts on the back cover. Both covers must also clearly and legibly identify you as the publisher of these copies. The front cover must present the full title with all words of the title equally prominent and visible. You may add other material on the covers in addition. Copying with changes limited to the covers, as long as they preserve the title of the Document and satisfy these conditions, can be treated as verbatim copying in other respects. If the required texts for either cover are too voluminous to fit legibly, you should put the first ones listed (as many as fit reasonably) on the actual cover, and continue the rest onto adjacent pages. If you publish or distribute Opaque copies of the Document numbering more than 100, you must either include a machine-readable Transparent copy along with each Opaque copy, or state in or with each Opaque copy a computer-network location from which the general network-using public has access to download using public-standard network protocols a complete Transparent copy of the Document, free of added material. If you use the latter option, you must take reasonably prudent steps, when you begin distribution of Opaque copies in quantity, to ensure that this Transparent copy will remain thus accessible at the stated location until at least one year after the last time you distribute an Opaque copy (directly or through your agents or retailers) of that edition to the public. It is requested, but not required, that you contact the authors of the Document well before redistributing any large number of copies, to give them a chance to provide you with an updated version of the Document.

4. MODIFICATIONS
You may copy and distribute a Modified Version of the Document under the conditions of sections 2 and 3 above, provided that you release the Modified Version under precisely this License, with the Modified Version filling the role of the Document, thus licensing distribution and modification of the Modified Version to whoever possesses a copy of it. In addition, you must do these things in the Modified Version: A. Use in the Title Page (and on the covers, if any) a title distinct from that of the Document, and from those of previous versions (which should, if there were any, be listed in the History section of the Document). You may use the same title as a previous version if the original publisher of that version gives permission. B. List on the Title Page, as authors, one or more persons or entities responsible for authorship of the modifications in the Modified Version, together with at least five of the principal authors of the Document (all of its principal authors, if it has fewer than five), unless they release you from this requirement. C. State on the Title page the name of the publisher of the Modified Version, as the publisher. D. Preserve all the copyright notices of the Document. E. Add an appropriate copyright notice for your modifications adjacent to the other copyright notices. F. Include, immediately after the copyright notices, a license notice giving the public permission to use the Modified Version under the terms of this License, in the form shown in the Addendum below. G. Preserve in that license notice the full lists of Invariant Sections and required Cover Texts given in the Document's license notice. H. Include an unaltered copy of this License. I. Preserve the section Entitled "History", Preserve its Title, and add to it an item stating at least the title, year, new authors, and publisher of the Modified Version as given on the Title Page. If there is no section Entitled "History" in the Document, create one stating the title, year, authors, and publisher of the Document as given on its Title Page, then add an item describing the Modified Version as stated in the previous sentence. J. Preserve the network location, if any, given in the Document for public access to a Transparent copy of the Document, and likewise the network locations given in the Document for previous versions it was based on. These may be placed in the "History" section. You may omit a network location for a work that was published at least four years before the Document itself, or if the original publisher of the version it refers to gives permission. K. For any section Entitled "Acknowledgements" or "Dedications", Preserve the Title of the section, and preserve in the section all the substance and tone of each of the contributor acknowledgements and/or dedications given therein. L. Preserve all the Invariant Sections of the Document, unaltered in their text and in their titles. Section numbers or the equivalent are not considered part of the section titles. M. Delete any section Entitled "Endorsements". Such a section may not be included in the Modified Version. N. Do not retitle any existing section to be Entitled "Endorsements" or to conflict in title with any Invariant Section. O. Preserve any Warranty Disclaimers. If the Modified Version includes new front-matter sections or appendices that qualify as Secondary Sections and contain no material copied from the Document, you may at your option designate some or all of these sections as invariant. To do this, add their titles to the list of Invariant Sections in the Modified Version's license notice. These titles must be distinct from any other section titles. You may add a section Entitled "Endorsements", provided it contains nothing but endorsements of your Modified Version by various parties--for example, statements of peer review or that the text has been approved by an organization as the authoritative definition of a standard. You may add a passage of up to five words as a Front-Cover Text, and a passage of up to 25 words as a Back-Cover Text, to the end of the list of Cover Texts in the Modified Version. Only one passage of Front-Cover Text and one of Back-Cover Text may be added by (or through arrangements made by) any one entity. If the Document already includes a cover text for the same cover, previously added by you or by arrangement made by the same entity you are acting on behalf of, you may not add another; but you may replace the old one, on explicit permission from the previous publisher that added the old one. The author(s) and publisher(s) of the Document do not by this License give permission to use their names for publicity for or to assert or imply endorsement of any Modified Version.

5. COMBINING DOCUMENTS
You may combine the Document with other documents released under this License, under the terms defined in section 4 above for modified versions, provided that you include in the combination all of the Invariant Sections of all of the original documents, unmodified, and list them all as Invariant Sections of your combined work in its license notice, and that you preserve all their Warranty Disclaimers. The combined work need only contain one copy of this License, and multiple identical Invariant Sections may be replaced with a single copy. If there are multiple Invariant Sections with the same name but different contents, make the title of each such section unique by adding at the end of it, in parentheses, the name of the original author or publisher of that section if known, or else a unique number. Make the same adjustment to the section titles in the list of Invariant Sections in the license notice of the combined work. In the combination, you must combine any sections Entitled "History" in the various original documents, forming one section Entitled "History"; likewise combine any sections Entitled "Acknowledgements", and any sections Entitled "Dedications". You must delete all sections Entitled "Endorsements".

6. COLLECTIONS OF DOCUMENTS
You may make a collection consisting of the Document and other documents released under this License, and replace the individual copies of this License in the various documents with a single copy that is included in the collection, provided that you follow the rules of this License for verbatim copying of each of the documents in all other respects. You may extract a single document from such a collection, and distribute it individually under this License, provided you insert a copy of this License into the extracted document, and follow this License in all other respects regarding verbatim copying of that document.

7. AGGREGATION WITH INDEPENDENT WORKS
A compilation of the Document or its derivatives with other separate and independent documents or works, in or on a volume of a storage or distribution medium, is called an "aggregate" if the copyright resulting from the compilation is not used to limit the legal rights of the compilation's users beyond what the individual works permit. When the Document is included in an aggregate, this License does not apply to the other works in the aggregate which are not themselves derivative works of the Document. If the Cover Text requirement of section 3 is applicable to these copies of the Document, then if the Document is less than one half of the entire aggregate, the Document's Cover Texts may be placed on covers that bracket the Document within the aggregate, or the electronic equivalent of covers if the Document is in electronic form. Otherwise they must appear on printed covers that bracket the whole aggregate.

8. TRANSLATION
Translation is considered a kind of modification, so you may distribute translations of the Document under the terms of section 4. Replacing Invariant Sections with translations requires special permission from their copyright holders, but you may include translations of some or all Invariant Sections in addition to the original versions of these Invariant Sections. You may include a translation of this License, and all the license notices in the Document, and any Warranty Disclaimers, provided that you also include the original English version of this License and the original versions of those notices and disclaimers. In case of a disagreement between the translation and the original version of this License or a notice or disclaimer, the original version will prevail. If a section in the Document is Entitled "Acknowledgements", "Dedications", or "History", the requirement (section 4) to Preserve its Title (section 1) will typically require changing the actual title.

9. TERMINATION
You may not copy, modify, sublicense, or distribute the Document except as expressly provided for under this License. Any other attempt to copy, modify, sublicense or distribute the Document is void, and will automatically terminate your rights under this License. However, parties who have received copies, or rights, from you under this License will not have their licenses terminated so long as such parties remain in full compliance.

10. FUTURE REVISIONS OF THIS LICENSE
The Free Software Foundation may publish new, revised versions of the GNU Free Documentation License from time to time. Such new versions will be similar in spirit to the present version, but may differ in detail to address new problems or concerns. See http://www.gnu.org/copyleft/. Each version of the License is given a distinguishing version number. If the Document specifies that a particular numbered version of this License "or any later version" applies to it, you have the option of following the terms and conditions either of that specified version or of any later version that has been published (not as a draft) by the Free Software Foundation. If the Document does not specify a version number of this License, you may choose any version ever published (not as a draft) by the Free Software Foundation. ADDENDUM: How to use this License for your documents To use this License in a document you have written, include a copy of the License in the document and put the following copyright and license notices just after the title page: Copyright (c) YEAR YOUR NAME. Permission is granted to copy, distribute and/or modify this document under the terms of the GNU Free Documentation License, Version 1.2 or any later version published by the Free Software Foundation; with no Invariant Sections, no Front-Cover Texts, and no Back-Cover Texts. A copy of the license is included in the section entitled "GNU Free Documentation License". If you have Invariant Sections, Front-Cover Texts and Back-Cover Texts, replace the "with...Texts." line with this: with the Invariant Sections being LIST THEIR TITLES, with the Front-Cover Texts being LIST, and with the Back-Cover Texts being LIST. If you have Invariant Sections without Cover Texts, or some other combination of the three, merge those two alternatives to suit the situation. If your document contains nontrivial examples of program code, we recommend releasing these examples in parallel under your choice of free software license, such as the GNU General Public License, to permit their use in free software.

Lightning Source UK Ltd.
Milton Keynes UK
UKOW04f0726161214

243218UK00001B/143/P